# 危険生物
## ファーストエイドハンドブック
### 陸編
[増補改訂版]

**NPO法人 武蔵野自然塾 編**

JN087081

　キャンプ，釣り，登山，バードウォッチング，昆虫採集，野外活動は楽しいものだが，野外にはスズメバチやマムシなど，人間にとって危険な生物も多く生息している。しかし，ほとんどの生物は人間が不用意に近づいて刺激しない限り，いきなりおそってくることはないので，むやみに恐れる必要はない。まずは危険な生物との接触を未然に防ぐことが重要だ。それでも，どんなに気をつけていても事故が起きることはある。そのときは慌てずに，応急処置（ファーストエイド）を適切に行えば，被害の悪化を軽くすることができる。

　本書は野外で出会う危険生物の対処法をコンパクトにまとめており，この「陸編」は陸上〜陸水域を対象としている。野外活動に出かける際，安全に，楽しく自然とつきあうために，この本をぜひ活用してほしい。

※本書で扱う「危険生物」は咬傷や刺傷，かぶれなどを起こす生物であり，食中毒の原因となる山菜やキノコといった，飲食による被害は対象としない。
※症状の出方は被害状況や体質などにより大きく異なる。不安な場合は応急処置にとどまらず，迷わず医師の診断を受けよう。

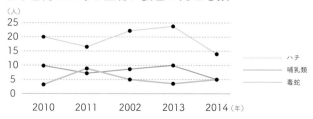

日本国内における生物が要因の死亡者数

危険生物とは人間にとって危ない生物，すなわち刺されたり，咬まれたり，かぶれたり，中毒に遭うなどの可能性がある生物である。陸域で特に危険度の高いものにはスズメバチ，毒ヘビ，大形哺乳類などが挙げられ，これらは年間数十人の死亡事故が起きている（図）。また，命に関わらなくとも，小さな虫に刺されたり，ヒルに吸血されたり，植物のトゲが刺さったりといった出来事は，毎日のようにどこかで起きている。近年では外国から日本に定着した外来生物や，気候の変化によって分布が変わってきている生物の中にも危険生物がいることもある。

## ●まずは予防を

危険生物による被害を最小限に抑えるためには予防が大切である。環境や地域によって生物の種類はがらりと変わり，それぞれの生息環境や活動時間帯なども異なる。どの地域のどんな環境に出かけるかにより，ある程度危険性を予測し，予防を心がけることが重要である。

## ●いざというときのファーストエイド

不運にも危険生物の被害に遭ってしまった際は，本書を参考にファーストエイドを実践したい。ファーストエイドとは，（自身を含む）傷病者に対して行う最初（first）の手当（aid）であり，人工呼吸や止血法，テーピング法などの応急処置のことをいう。被害者の苦痛を和らげたり，医師による専門の治療へスムーズにつなぐ重要な行動である。

他人がファーストエイドを行うときは，手当のみでなく，リラックスさせたり励ましたりという心理的なケアも行うと良い。

# 本書の使い方

①**季節**→その生物の被害に遭いやすい季節

②**危険度**→低・中・高の3段階で示す

> 低：簡単なファーストエイドで済む場合が多い
> 中：ファーストエイドで済む場合が多いが，状況次第で医療機関での手当も必要
> 高：基本的に医療機関での手当を受けたほうがよい

※被害状況や個人差などで，危険度や対処法は変わるので，あくまで目安。

③**キーポイント**→その生物の特徴や被害の種類について「環境」「形態」「被害」の3項目を簡潔に記載した。

④**ファーストエイド**→本書のメイン部分。応急処置の方法を説明。

⑤**予防（ゼロエイド）**→危険生物の被害を未然に防ぐための対策を，本書では「ゼロエイド」と呼ぶ。知っておくべき生物の攻撃パターンなどを紹介。

⑥**セカンドエイド**→本書では必要に応じて医療機関などで受ける専門的な治療を，ファーストエイドの次という意味で「セカンドエイド」と呼ぶ。

⑦**その他**→発見や大きさの認識に役立つ写真や，類似種との識別に役立つ写真・図版，補足説明などを適宜，掲載した。

# 用語解説

## ●症状に関するもの

<u>アナフィラキシー・ショック</u> ハチに刺されたことなどで起こるアレルギー症状の1種。Anaphylaxis（アナフィラキシー）とは「過敏症」を意味し，重度のアナフィラキシーよって起こる，呼吸困難・下痢・低血圧などの症状を特に「アナフィラキシー・ショック」という。血圧低下により意識不明に陥ることもあり，たいへん危険な状態である（p.51）。

<u>アレルギー反応</u> 免疫現象が病気とは無関係な物質に対して発生し，病気を引き起こす反応で「過敏症反応」ともいう。抗体によって引き起こされるⅠ型〜Ⅲ型と感作リンパ球によって開始されるⅣ型がある。花粉症，アナフィラキシー・ショックなどはⅠ型，植物成分や薬剤などの化学物質に触れたときに起きる接触皮膚炎などはⅣ型に含まれる。

<u>丘疹（きゅうしん）</u> 皮膚面から隆起する針頭大から米粒大ぐらいの発疹で，多くの場合赤くなる。円型，楕円形，多角形などいろいろな形がある。丘疹が集まった状態を皮疹（ひしん）という。

<u>紅斑（こうはん）</u> 皮膚面に起こる症状の1つ。炎症による充血などが原因で皮膚が赤くなった状態をいう。

<u>チアノーゼ</u> 血液中の酸素が欠乏して皮膚や粘膜が青白くなること。血行障害や呼吸障害によって起こる。

## ●薬品に関するもの

<u>ステロイド剤（副腎皮質ホルモン剤）</u> 炎症を抑える効果がある。商品の種類は多く，副作用の可能性もあるため年齢・用途などに注意して使用する。利用効果の強さにより最も強い「Ⅰ（Strongest）」から最も弱い「Ⅴ（Weak）」の5段階にランク分けされる。軟膏やクリームなどの外用薬のほか，内服薬もある。

<u>ディート</u> 虫除けスプレーなどに含まれる化合物。ヒルに対しても効果がある。虫除け効果は強いが，人によってはアレルギーや肌荒れを起こすことがあり，特に乳幼児に対しては薄くしたり，使用を控えるなどの配慮が必要。

<u>抗ヒスタミン薬</u> かゆみの原因となるヒスタミンの過剰分泌を抑えるための薬。毒成分にヒスタミンをもつ生物に刺されたときなどに効果が大きい。一般的に鎮静作用がある代わりに眠気，だるさ，めまい，乾きなどの副作用を起こす可能性があるので使用には注意が必要。

## ●毒に関するもの

<u>出血毒</u>　タンパク質を溶かし，血管組織を破壊する毒。激痛を伴い，内出血が拡大するため患部が大きく腫れることが多い。神経毒に比べると効果は遅い。例としてヘビ類ではハブやマムシ，ヤマカガシなどが多くもつ。

<u>神経毒</u>　神経細胞に主に作用する毒のこと。相手を麻痺させるためなどに使う毒であり，出血毒と比べて効果が早い。例としてヘビ類ではコブラやウミヘビなどが多くもつ。

<u>タンパク毒</u>　毒素には低分子から高分子までさまざまな構造のものがあるが，生物毒の多くは高分子のタンパク質であるといわれる。なおタンパク質の毒は熱に弱く，火傷しないほどのお湯につけると毒の効果を和らげることができる。

<u>毒毛（どくもう）</u>　毒のある毛や棘の総称。ドクガ科，カレハガ科，ヒトリガ科などの幼虫が持つ毒針毛（どくしんもう）と，イラガ科・マダラガ科などの幼虫が持つ毒棘（どくきょく）がある。

## ●植物の用語

<u>互生（ごせい）</u>　植物の葉が1つの節に1枚ずつ生じ，互い違いにつくこと。

<u>対生（たいせい）</u>　植物の葉が1つの節に1対ずつ生じること。

<u>羽状複葉（うじょうふくよう）</u>　鳥の羽根のような葉のつきかた。大きく分けると小葉が奇数枚になる「奇数羽状複葉」と偶数になる「偶数羽状複葉」がある。前者はかぶれる植物であるウルシ類などの特徴の1つ。後者はトゲのあるサイカチなどで見られる。

<u>三出複葉（さんしゅつふくよう）</u>　3枚の小葉で1枚の葉を成す複葉の1種。カラタチやツタウルシなどで見られる。

<u>小葉（しょうよう）</u>　複葉を構成する小さい葉片。

<u>鋸歯（きょし）</u>　葉の縁にあるぎざぎざの切れ込み。

<u>全縁（ぜんえん）</u>　葉の縁がなめらかで鋸歯がないこと。

葉の形やつき方に関する用語の一部。
植物を分類する際にはほかにもさまざまな用語を用いる。

# 野外に出かける前に

## ●情報収集をしよう

近年ではインターネットからさまざまな情報が手軽に入手できるほか，自然公園にはビジターセンターや管理所があることが多く，その時期に出会いやすい危険生物の情報が入手できる。

ビジターセンターなどでは危険生物の情報収集ができるほか，虫除けスプレー，ヒル忌避剤などを使わせてもらえることもある

## ●リーダーや引率者向けの準備

### 安全管理の意識を高めよう

近くの公園へ気軽に遊びに行くぐらいであれば特別に身構える必要はないが，もし危険性が高いと考えられる場所へ出かけるときはKY（危険予知）ミーティングを実施したり，仲間と今起きている危険について情報共有をしながら，しっかり時間をかけて準備を行いたい。行程を考える際は，いざというときのエスケープルートも意識しておくとよい。

### 保険への加入を考えよう

万一，事故が起きた場合，高額の治療費がかかったり，複数人で行動していた際には賠償責任を問われるケースさえある。特に頻繁に野外に出かける人や引率の立場にある人は，そういった「万一」に備えて保険への加入も検討すべきである。最近ではさまざまな保険会社や自然保護団体などが目的に応じた保険を扱っている。

### 最寄りの病院を確認しよう

慣れない場所へ出かける際は目的地周辺の病院の所在地，電話番号，診察時間などを調べておくとよい。特に野外活動のリーダーなど安全管理上の責任者は「必ず」確認しなければならないといっていい。出先での携帯電話の電波状況も検討するのが望ましい。不幸にも病院へ行くことになったときは，医師に「**被害に遭った時間・生物の種類（わかる範囲で）・状況**」の情報を伝えることが，治療では重要である。

## ●装備・服装の確認

いつもガチガチの装備ではファッションを楽しめないが，
必要に応じて身に付けよう。

つばのある帽子をかぶる

整髪料や香水はできるだけ使わない
（虫を寄せつける）

タオルマフラー
やストールなどで
首周りを保護

荷物はできるだけ
背負えるザック等に
入れ，両手は基本
的に空けておく

長そで

長ズボン

※虫除け効果のあ
るレギンスなども
あるが，ズボンだ
とより安全

歩きやすい靴

トゲのある植物が多い場所では
手袋（軍手）が有効

川遊びでは

ウォーターシューズなどの
脱げにくく滑りにくい
靴を履く

マダニやヒルの生息地では

ズボンのすそを靴下の中に
入れたり，スパッツをつけると
予防になる

## ●ファーストエイドセットをつくろう

※ここに挙げたのは一例なので，状況に応じて自分なりのセットをつくるとよい。

・<u>ポーチ（入れ物）</u>　入れ物は何でもよいが，ジッパーを開けた際に観音開きの構造になっていると，開いたときにひと目で中身がわかるので便利。特にファーストエイド用に販売しているものは基本的に防水生地になっており，デザインもひと目で応急処置セットだとわかるので，緊急時に他人でも迷わず取り出せるなど，メリットが多い。

・<u>はさみ</u>　テープやガーゼを切るほか，手当てのために患部周辺の衣類を切るのにも使える。応急処置用のハサミは小型で携帯しやすく，先が皮膚を傷つけないように丸くなっているものや，切りやすいように先端が曲がっているものもある。

・<u>ピンセットや毛抜き</u>　ミツバチの針や植物のとげを抜くときに使える。

・<u>テープ（非伸縮性のもの）</u>　毒針毛の除去やガーゼの固定などに使える。

・<u>三角巾</u>　全身各部の包帯，骨折部の固定，止血帯などに幅広く使える。

・<u>滅菌ガーゼ</u>　キズに当てて圧迫止血をしたり，血をふき取ったり，保護材として使える。

・<u>絆創膏（ばんそうこう）</u>　大きさが何種類かあると使いやすい。貼るタイプの救急絆創膏のほか，塗るタイプの液体絆創膏もある。

・<u>綿棒</u>　薬を塗るときに使うと，手で塗るより雑菌や細菌が患部に入りにくい。

・<u>消毒液（またはスプレー）</u>　患部の消毒に使う。ただし，近年は細菌感染などの心配がなければ不要とする場合もある。

・塗り薬　虫刺されによる炎症やかゆみを抑えるために使う。抗ヒスタミン剤を含むもの，ステロイド剤を含むものなど種類が多いため，目的に合ったものを購入するよう注意（薬はアレルギー反応が出ることもあるので原則，自分用に所有する）。

ムヒアルファEX（ステロイド強さ：IV，抗ヒスタミン成分配合）
リスク分類：第②類医薬品
かゆみ・虫さされに。
（株）池田模範堂
Tel: 076-472-0911

・ダニ取りピンセット　ダニの口器が皮膚に残らないように取れるピンセット。

・緊急連絡先カード　自分がケガをして病院に運ばれたときに救護者が必要になるもの。血液型，緊急連絡先などを記入する。名刺サイズくらいの大きさで作り，ラミネート加工などして保険証の近く（財布など）に入れるとよい。

・水　患部を洗ったり，目や口に毒が入ったときなどに使える。ペットボトルに入れる場合は，画びょうなどで穴を開けたフタをとりつけて使用すると，むだに水が出過ぎなくて便利。

## ●予防としてあったほうが良い道具

・虫除けスプレー　蚊やアブ・ブヨ・ヌカカなどの虫除けのほか，ヒル忌避剤としても使える。

・クマ対策（必要に応じて）　クマ鈴やホイッスル

## ●そのほかにあると便利な商品

・カウンターアソールト　至近距離でクマを撃退するためのスプレー。クマ以外にもサル，野犬など哺乳類全般に使える。

（株）モチヅキ
Tel: 0256-32-0860

・ポイズンリムーバー
ハビ咬傷，ハチ刺傷，そのほかさまざまな生物の毒素を吸い出すのに使える。

商品によって使い方や吸引力が異なるので注意
（株）飯塚カンパニー
Tel: 03-3862-3881

・ヤマビルファイター
ヤマビル忌避剤。靴から足回りにかけておくと，ヤマビルがはい上がってくるのを防げる。

イカリ消毒（株）
Tel: 03-3356-6191
（本社代表電話）

# ① 市街地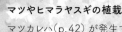

### マツやヒマラヤスギの植栽

マツカレハ（p.42）が発生する。駆除目的で巻わらをしているマツは幼虫が発生しやすいという1つの目安になる。

### 広葉樹の植栽

サクラ，ウメ，ケヤキなどよく植えられる樹種の多くはイラガ類（p.45～）やドクガ類（p.38～），スカシクロバ類（p.49）などさまざまな毒毛虫の発生源となりやすい。スズメバチ（p.24～）やアシナガバチ（p.30～）が営巣していることもある。

### 石の下や植木鉢，くち木

オオハリアリ（p.59）やムカデ類（p.75～）が潜みやすい。

**人工物の壁面**

コケが発生しやすいベランダの壁面には
ヤネホソバ（p.50）がつくことがある。

**ベランダ**

チャドクガ（p.38）が発生する場所
の近くでは，洗濯物に飛散した毒
針毛がついたり，ハチが干している
衣服の中に入り込むこともある。

**ササ類**

タケカレハ（p.43），タケノホソクロバ（p.48）
などの幼虫の発生源となりやすい。

**ツバキやサザンカ**

チャドクガ（p.38）の発生源となりやすい。

**排水溝**

排水溝や自動販売機の下，室外機の下などはゴケ
グモの仲間（p.80）が潜みやすい。また，水がた
まっていると力（p.65）の発生源となる。

11

# ② 河川・河原

**河川敷の樹木など**
堤防に多い桜の木にはイラガ（p.45~）やドクガ（p.38~）
の仲間がつくほか，スズメバチ（p.24~）やアシナガバチ
（p.30~）などのハチ類が営巣することがある。

**アシやススキ**
コマチグモ（p.78~）の仲間が葉
を折り曲げて産室を作る。

**河川の中**
岩や石の間の陰などにはギギの仲間
（p.88）が潜む。夜行性で昼間はじっ
としていることが多い。

**草むら**

湿気の多いところはマダニ（p.82）に注意。
ヘビ類（p.91~）が潜むこともある。やぶこぎ
や草刈り中に被害にあいやすい。

**土手の上や法面**

日当たりのいい場所ではヘビ類（p.91~）が
日光浴していることがある。

**河原の地表付近**

石の陰にはムカデ類（p.75~）や地表徘徊性の
甲虫（p.52~）が潜んでいることがある。

# ③ 森林

**樹木の葉**

葉の裏にドクガ（p.38~）やイラガ（p.45~）の仲間が潜む
ことがあるのでむやみに触れないほうが無難。紅葉した
ウルシ類（p.103~）はきれいだが触れるとかぶれる。

**林道脇**

茂みの近くに腰掛けるときはツタウルシ（p.104）
の幼木，マムシ（p.92）がいないか等に注意する。

**沢沿い**

ブユ類（p.70），アブ類（p.67~），ヤマビル（p.86~）
が多く，クマ（p.96）も出没しやすい環境。

**転石や落葉の下**

ムカデ（p.75~）のほか，オサムシ類やツ
チハンミョウ類，マイマイカブリなど地表
徘徊性の甲虫（p.52~）が潜んでいる。

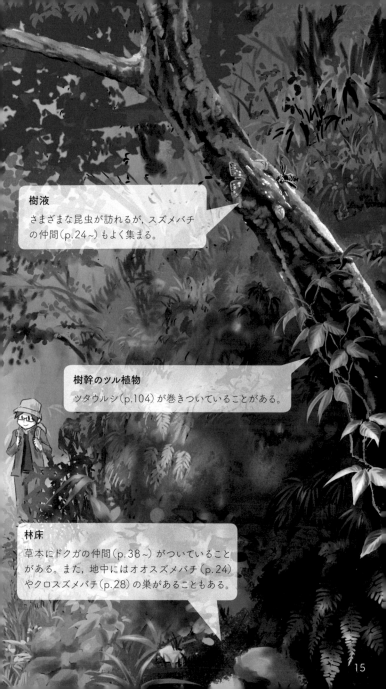

**樹液**
さまざまな昆虫が訪れるが，スズメバチの仲間（p.24〜）もよく集まる。

**樹幹のツル植物**
ツタウルシ（p.104）が巻きついていることがある。

**林床**
草本にドクガの仲間（p.38〜）がついていることがある。また，地中にはオオスズメバチ（p.24）やクロスズメバチ（p.28）の巣があることもある。

# ④ 農地・ため池

**田んぼ**

チスイビル（p.87）のほか，マツモムシ（p.74）などの水生
昆虫，イモリやヒキガエルなどの両生類（p.89~）が生息。
ヤマカガシ（p.91）が泳いでいることもある。

**畑**

マメ科の作物などにマメハンミョウ
（p.56）が発生することがある。

**畦（あぜ）**

ヘビ類（p.91~）やミイデラゴミムシ（p.52），
マイマイカブリ（p.54）などの地表徘徊性の危
険生物がいる可能性がある。

## 農地周辺の家屋

夜間には光に誘引されてアオバアリガタハネカクシ（p.58）
やカミキリモドキ（p.53）が屋内に侵入してくることがある。

### 果樹園

イラガ（p.45〜）やドクガ（p.38〜）の
仲間，ウメスカシクロバ（p.49）など
の毒毛虫が発生することがある。クリ
の花にはハチの仲間（p.24〜）やカミ
キリモドキ（p.53）など危険な種も含
め，多くの昆虫が訪花する。

### ため池や用水路

田んぼの中とほぼ同様の生物が生息。スッポン
や外来種のカミツキガメが生息していることもあ
る（p.95）。いずれもむやみに触ろうとしなければ
害はない。

# 危険生物検索表

## ❶生物の外見から

### 昆虫類

○ハチの仲間

| スズメバチ科 | | | |
|---|---|---|---|
| オオスズメバチ | キイロスズメバチ | コガタスズメバチ | クロスズメバチ |

| p.24 | p.26 | p.27 | p.28 |
|---|---|---|---|
| チャイロスズメバチ | ツマアカスズメバチ | ヒメスズメバチ | モンスズメバチ |

写真●環境省自然環境局

| p.29 | p.29 | p.29 | p.29 |

| アシナガバチ科 | | | |
|---|---|---|---|
| セグロアシナガバチ | フタモンアシナガバチ | キアシナガバチ | そのほかのアシナガバチの仲間 |

| p.30 | p.31 | p.32 | p.32 |

| ミツバチ科 | | | |
|---|---|---|---|
| ミツバチの仲間 | クマバチ（キムネクマバチ） | そのほかのハナバチの仲間 | 狩りバチの仲間 |

| p.33 | p.34 | p.35 | p.36-37 |

○ガの仲間

ドクガ科

p.38-41

カレハガ科

p.42-44

イラガ科

p.45-47

そのほかのガの仲間

p.48-50

○甲虫の仲間

カミキリモドキ科

p.53

オサムシ科

p.54-55

ツチハンミョウ科

p.56-57

ハネカクシ科

p.58

○アリの仲間

アリ科（在来）

p.59-60

アリ科（外来）

p.62-64

○カの仲間

p.65-66

○アブの仲間

p.67-69

○ブユの仲間

p.70

○ヌカカの仲間

p.71

○カメムシの仲間

p.72-73

○水生昆虫

p.74

## そのほかの無セキツイ動物

○ムカデの仲間

p.75-76

○ヤスデの仲間

p.77

○コマチグモの仲間

p.78-79

○ゴケグモの仲間
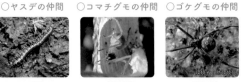
p.80-81

○マダニの仲間

p.82-83

○ツツガムシの仲間

p.84

○吸血ヒル

p.86-87

## 淡水魚類

## 両生類

○ギギの仲間

p.88

○イモリの仲間

p.89

○ヒキガエルの仲間

p.90

## 爬虫類

ヤマカガシ

p.91

ニホンマムシ

p.92-93

スッポン

p.95

カミツキガメ

p.95

## 哺乳類

クマ類

p.96-99

ニホンザル

p.100

ニホンイノシシ

p.101

野犬

p.102

## 植物

○かぶれる植物

**ウルシ科**

ヤマウルシ

p.103

ツタウルシ
p.104-105

ハゼノキ
p.106

ヌルデ
p.106

○かぶれる植物

**イラクサ科**

イラクサ
p.107

**イチョウ科**

ギンナン
p.108

○トゲのある植物

**タデ科**

イシミカワ
p.110

ママコノシリヌグイ
p.110

○トゲのある植物

**ミカン科**

サンショウ
p.111

イヌザンショウ
p.112

カラスザンショウ
p.112

カラタチ
p.113

**ウコギ科**

タラノキ
p.114

**マメ科**

サイカチ
p.115

**バラ科**

ノイバラ
p.116

野イチゴ・木イチゴ
p.117

**ウリ科**

アレチウリ
p.118

**ナス科**

ワルナスビ
p.118

○キノコ

カエンタケ
p.119

## ❷被害に遭ったときの傷痕から

**スズメバチ
アシナガバチ**
（p.24~32）
刺された瞬間は激しく痛む。その後，同部や周辺部が赤く腫れあがる

**ミツバチ**
（p.33）
症状はスズメバチやアシナガバチに似るが，針が残る

**チャドクガ**
（p.38~39）
赤い発疹が多数できるとともに，痛みやかゆみが生じる

**イラガ**
（p.45~47）
毒のトゲに触れるとピリピリした痛みとともに，赤く腫れる

**ミイデラゴミムシ**
（p.52）
ガスを浴びた瞬間は熱い。見た目はひどいが，火傷などではなく色素が付着しただけ

**カミキリモドキ類
ツチハンミョウ類**
（p.53,56~57）
体液に触れると数時間で赤い紅斑が生じ，ヒリヒリ痛む。後で水疱になることもある

**ハネカクシ**
（p.58）
線状に赤く腫れ，小さなぶつぶつや水ぶくれができる

**カ（ヒトスジ
シマカやアカ
イエカなど）**
（p.65~66）
アレルギー反応によりすぐに赤く腫れ，かゆくなる

**アブ**
（p.67~69）
皮膚をかみちぎるため痛みが強く，赤く腫れあがり，血が出る

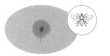
**ブユ**
（p.70）
刺された瞬間は軽く痛む。後に丘疹が生じ，中央には溢血点（小豆大以下の小出血）ができる

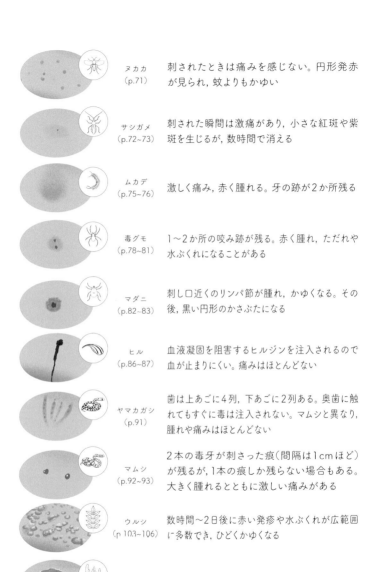

| | | |
|---|---|---|
| | ヌカカ<br>(p.71) | 刺されたときは痛みを感じない。円形発赤が見られ，蚊よりもかゆい |
| | サシガメ<br>(p.72~73) | 刺された瞬間は激痛があり，小さな紅斑や紫斑を生じるが，数時間で消える |
| | ムカデ<br>(p.75~76) | 激しく痛み，赤く腫れる。牙の跡が2か所残る |
| | 毒グモ<br>(p.78~81) | 1～2か所の咬み跡が残る。赤く腫れ，ただれや水ぶくれになることがある |
| | マダニ<br>(p.82~83) | 刺し口近くのリンパ節が腫れ，かゆくなる。その後，黒い円形のかさぶたになる |
| | ヒル<br>(p.86~87) | 血液凝固を阻害するヒルジンを注入されるので血が止まりにくい。痛みはほとんどない |
| | ヤマカガシ<br>(p.91) | 歯は上あごに4列，下あごに2列ある。奥歯に触れてもすぐに毒は注入されない。マムシと異なり，腫れや痛みはほとんどない |
| | マムシ<br>(p.92~93) | 2本の毒牙が刺さった痕（間隔は1cmほど）が残るが，1本の痕しか残らない場合もある。大きく腫れるとともに激しい痛みがある |
| | ウルシ<br>(p.103~106) | 数時間～2日後に赤い発疹や水ぶくれが広範囲に多数でき，ひどくかゆくなる |
| | カエンタケ<br>(p.119) | 触れただけで炎症を起こし，皮膚がはがれる |

※症状は体質などによる個人差が大きいので，この通りになるとは限らない。

スズメバチ科では日本最大種

毒針はふだん,
体内に隠れている

巣は地中や木の根元など
にあり気づきにくい

# オオスズメバチ　スズメバチ科　北海道〜九州　刺す・毒

<u>環境</u>：森林の土の中や木の根元などに巣を作るが, 近年は市街地でも見られる。樹液にもよく集まる。

<u>形態</u>：働きバチは約3〜4cmと人間の親指ほどもある。女王バチはさらにひと回り大きい。

<u>被害</u>：スズメバチの中では攻撃性が強く, 餌場に近づくだけで襲ってくることもある。刺されたときの痛みも激しい。さらにアナフィラキシー・ショックを起こすと死に至る場合がある。

## ファーストエイド!

①ハチがまだ近くにいれば急いで安全な場所まで避難する。（約10〜20m離れ, ハチが周囲にいないことを確認してから手当に移る）

**→アナフィラキシー・ショックが疑われる場合（緊急→表確認）**

②大至急, 救急車を呼ぶか, 車で最寄りの病院へ行く。エピペン®（アドレナリン自己注射キット）があれば早急に打つ。

③（救急車を待つ間）その場で体を横たえ（回復姿勢）, 足を少し高くする。嘔吐がある場合は顔を横にし, 窒息しないようにする。ポイズンリムーバーなどで毒を吸い出す。

④上気道の浮腫（むくみ）が疑われる場合は窒息死の可能性もあるので, 気道の確保・人工呼吸を必要に応じて行う。

**→ショック症状が現れなければ**

❷毒を吸い出す。ハチの毒は水に溶けやすいので, 毒を絞り出しながらよく水洗するか, ポイズンリムーバーを使う。

❸抗ヒスタミン剤, およびステロイド剤を含んだ外用薬があれば塗る。

❹傷口を冷やす。

※毒を吸い出し，傷口を冷やすまでの手順　　※口で毒を吸い出すのはNG

消化管から毒が吸収されることはないが，口内に傷があると傷口から毒に侵される可能性がある。

●アナフィラキシー・ショックの症状●

| 自覚症状 | 他覚症状 |
|---|---|
| ・体のしびれ，めまい，けいれん，耳鳴りなど，神経系に障害が出る<br>・体の末端が冷たくなる<br>・胸や喉がふさがった感じで息苦しくなる | ・全身にじんましんが出る<br>・顔面そう白などのチアノーゼ<br>・ゼーゼー，ヒューヒューという呼吸音<br>・意識障害 |

予防（ゼロエイド）

本種は木の根元や地中に巣を作るので，近づくまで気づきにくい。辺りを飛び交う個体が急に多くなったり，一定方向に飛ぶようになったら地表付近に巣がないか注意する。

### ハチ類共通のゼロエイド
・黒っぽい衣服や帽子，整髪料や香水はハチを誘引しやすいので避ける。
・ハチに手を出さない，また近づいてきても手で払ったりしない。
・周りを飛び回り「カチカチ」という音を出していたら，巣が近い証拠なのでゆっくり後退する。

### 駆除による予防

4〜5月にペットボトルトラップなどで女王バチを駆除し，巣を作らせないという予防法もある。また，自主的に駆除する人に対して駆除用具（防護服，殺虫剤など）を無料で貸し出す自治体も多い。ただしスズメバチは害虫などを狩る益虫という側面もあり，危険性がなりればむやみに駆除するべきでない。

セカンドエイド

刺されたのがオオスズメバチと特定できていれば医師の診察を受けたほうがよい。抗体検査も可能なので，刺されてからおおむね1か月以降に検査を受け（刺された直後は正しい結果が出ない），必要に応じてエピペン®を処方してもらうとよい。

全体に黄褐色の毛が密生している

# キイロスズメバチ

スズメバチ科　　本州〜九州　　刺す・毒
※北海道に亜種ケブカスズメバチが分布

<u>環境</u>：都市周辺部で増加しており，木の枝，崖，軒下，地中などさまざまな場所で巣を作る。

<u>形態</u>：働きバチは約1.7〜2.4cm，全体に黄色味が強い。

<u>被害</u>：攻撃性は高いほうで，刺されると激痛とともに腫れが生じる。アナフィラキシー・ショックで呼吸困難や意識消失などから死に至る場合がある。

## ファーストエイド！

①ハチがまだ近くにいれば急いで安全な場所まで避難（約10〜20m離れ，ハチが周囲にいないことを確認してから手当に移る）。アナフィラキシー・ショックの疑いがあれば，大至急，救急車を呼ぶか病院へ行く。（p.24-25参照）

②ハチの毒は水に溶けやすいので，毒を絞り出しながらよく水洗する。ポイズンリムーバーがあれば毒を吸い出す。

③抗ヒスタミン剤，およびステロイド剤を含んだ外用薬があれば塗る。

④傷口を冷やす。

### 予防（ゼロエイド）

営巣初期には民家やその周辺の閉鎖空間に巣を作ることが多い。危険性の高い場所で巣を発見した場合は大きくなる前に早急に役所や保健所に連絡して駆除してもらう。また，近づいてきても手で払ったりしない。

初期巣が狭くなると軒下や木の枝などの広い空間に引っ越す。引っ越し後の巣はスズメバチの中でも最大

### セカンドエイド

オオスズメバチ参照（p.24-25）。

姿形はオオスズメバチに似る

植物

哺乳類

両生類

爬虫類

魚

昆虫

その他

夏

秋

危険性

低 中 高

# コガタスズメバチ スズメバチ科 日本全国 刺す・毒

<u>環境</u>：庭木や軒下など，スズメバチの仲間では最も人の身近な場所に巣を作ることが多い。

<u>形態</u>：色や模様はオオスズメバチに似るがひと回り小さい。働きバチは約2.2～2.7cm。

<u>被害</u>：刺されると激痛とともに腫れが生じ，頭痛を伴うこともある。アナフィラキシー・ショックで呼吸困難や意識消失などから死に至る場合がある。

## ファーストエイド！

①ハチがまだ近くにいれば急いで安全な場所まで避難（約10～20m離れ，ハチが周囲にいないことを確認してから手当に移る）。アナフィラキシー・ショックの疑いがあれば，大至急，救急車を呼ぶか病院へ行く。（p24-25参照）

②ハチの毒は水に溶けやすいので，毒を絞り出しながらよく水洗する。ポイズンリムーバーがあれば毒を吸い出す。

③抗ヒスタミン剤，およびステロイド剤を含んだ外用薬があれば塗る。

④傷口を冷やす。

## 予防（ゼロエイド）

民家やその周辺で営巣することが多く，危険性が高い場所で巣を発見したら大きくなる前に役所や保健所に連絡して駆除する。スズメバチの中では大人しいほうなので，とにかく刺激しないようにする。

初期巣。造巣初期がとっくり型なのは本種のみ。スズメバチの中では最も身近な場所に巣を作る

## セカンドエイド

オオスズメバチ参照（p.24-25）。

27

全体に黒っぽい体色

# クロスズメバチ　スズメバチ科　北海道〜九州, 奄美大島　刺す・毒

環境：平地から山地に生息し，森林や農地，河川の土手などの地中に巣を
　　　作る（近縁種のシダクロスズメバチはやや山地性）。

形態：体は全体的に黒っぽく，わずかに白い斑紋が入る。スズメバチのな
　　　かでは体長約1cmと小さい（ミツバチ程度）

被害：性質はおとなしいが，刺激すると刺すことがある。毒はほかのスズ
　　　メバチより弱いが，多少腫れる。

## ファーストエイド！

①ハチがまだ近くにいれば急いで安全な場所まで避難（約10〜
　20m離れ，ハチが周囲にいないことを確認してから手当に移
　る）。アナフィラキシー・ショックの疑いがあれば，大至急，救
　急車を呼ぶか病院へ行く。（p.24-25参照）

②ハチの毒は水に溶けやすいので，毒を絞り出しながらよく水洗
　する。ポイズンリムーバーがあれば毒を吸い出す。

③抗ヒスタミン剤，およびステロイド剤を含んだ外用薬があれば塗る。

④傷口を冷やす。

## 予防（ゼロエイド）

地中に巣があるので気づきにくい。野外で座るとき
などは注意。近づいてきても手で払ったりしない。

## セカンドエイド

ほかのスズメバチに比べて毒は弱いが，ショック
症状が出たときや痛みや腫れがひどいときは病院
へ行く。

地中に巣を作る

# そのほかのスズメバチ（スズメバチ科）

## チャイロスズメバチ 　中～高

晩夏～秋 　北海道～九州, 奄美大島 　刺す・毒

【環境】主に山地の林内で見られるが,
屋根裏や壁の中などに営巣することがあ
る。
【形態】腹部はほぼ一様に黒色でしま模
様がない。大きさは約2～3cm。
【被害】スズメバチの中では刺されると最
も痛いといわれる。

腹部は一様に黒色

## ツマアカスズメバチ 　中～高

晩夏～秋 　対馬など, 福岡県と九州(小笠原諸島) 　刺す・毒

【環境】土の中や樹洞のほか, 適応性が
高く人家の屋根裏や床下などの空間にも
巣を作る。
【形態】全体的に黒っぽく, アゴの辺りは
黄色。働きバチは約2～3cmと中形。
【被害】攻撃性は高く, 毒はコガタスズメ
バチやモンスズメバチと同程度。

全体的に黒っぽい
写真●環境省自然環境局

## ヒメスズメバチ 　中～高

晩夏～秋 　北海道～九州 　刺す・毒

【環境】土の中や樹洞, 屋根裏, 床下など
に巣を作る。
【形態】ヒメと名前がつくがオオスズメバ
チに次ぐ大形種で, 働きバチは約2.2～
3.7cm。
【被害】スズメバチの中ではおとなしいほ
うで, 毒も弱い。

腹部の先が黒いのは本種のみ
写真●kt

## モンスズメバチ 　中～高

晩夏～秋 　北海道～九州 　刺す・毒

【環境】樹洞や屋根裏, 壁のすき間などに
初期巣を作る。巣が大きくなると軒下や
木の枝などの広い空間へ引っ越す。
【形態】腹部の黒い模様が波立つのが特
徴。働きバチは約2～3cmと中形。
【被害】スズメバチの中では攻撃性は強
いほう。夜も活動するので夜間に刺され
る事例もある。

単眼の周囲は黒く,
腹部の模様が波立つ
写真●遠藤千秋

円盤状の巣

前伸腹節（背中の後方）が黒色

写真●kt

# セグロアシナガバチ

`スズメバチ科` `本州以南`
`刺す・毒`

環境：平地で比較的よく見られ，民家の軒下や木の枝などにも巣を作る。

形態：アシナガバチの中では大形で約2～2.6cm。キアシナガバチ（p.32）に似るが背中の模様が異なる。

被害：攻撃性はやや強く，刺されると激痛とともに腫れる。スズメバチに比べると毒性はやや軽度だが，アナフィラキシー・ショックを起こすこともある。

## ファーストエイド！

①ハチがまだ近くにいれば安全な場所まで急いで避難（約10～20m離れ，ハチが周囲にいないことを確認してから手当に移る）。アナフィラキシー・ショックの疑いがあれば，大至急，救急車を呼ぶか病院へ行く。（p24-25参照）

②ハチの毒は水に溶けやすいので，毒を絞り出しながらよく水洗する。ポイズンリムーバーがあれば毒を吸い出す。

③抗ヒスタミン剤，およびステロイド剤を含んだ外用薬があれば塗る。

④傷口を冷やす。

### 予防（ゼロエイド）

人家付近に巣を作ることもあるので，庭の手入れをするときは気をつける。ハチが近づいてきても手で払ったりしない。

### セカンドエイド

スズメバチより毒は弱いが，ショック症状が出た時や痛みや腫れがひどければ病院へ行く。

【その他】アシナガバチは街路樹や農作物につく害虫を狩る益虫でもあり，スズメバチよりおとなしいので，危険性がなければ無闇に巣を駆除するべきではない。

腹部の第2節に
2個の斑紋がある。

# フタモンアシナガバチ

スズメバチ科 ・ 日本全国 ・ 刺す・毒

<u>環境</u>：市街地で比較的よく見られ，民家の軒下や木の枝などに巣を作る。

<u>形態</u>：黒色の体に黄色い斑紋がある。アシナガバチの中ではやや小さく，
　　　約1.4〜1.8cm。

<u>被害</u>：刺されると痛みとともに腫れるが，スズメバチに比べるとやや軽
　　　度。ただしアナフィラキシー・ショックには注意。アシナガバチの被
　　　害は本種が最も多いといわれる。

## ファーストエイド！

①ハチがまだ近くにいれば急いで安全な場所まで避難（約10〜
　20m離れ，ハチが周囲にいないことを確認してから手当に移
　る）。アナフィラキシー・ショックの疑いがあれば，大至急，救
　急車を呼ぶか病院へ行く。（p24-25参照）
②ハチの毒は水に溶けやすいので，毒を絞り出しながらよく水洗
　する。ポイズンリムーバーがあれば毒を吸い出す。
③抗ヒスタミン剤，およびステロイド剤を含んだ外用薬があれば塗る。
④傷口を冷やす。

## 予防（ゼロエイド）

ハチが近づいてきても手で払ったりしな
い。晩秋に多数飛び回る雄に刺されること
はないが，越冬場所を求めて女王バチが洗
濯物に入り込むこともあるので注意する。

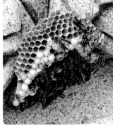

## セカンドエイド

スズメバチより毒は弱いが，ショック症状
が出たときや痛み・腫れがひどければ病
院へ行く。

長円形の巣

# そのほかのアシナガバチ（スズメバチ科）

## キアシナガバチ 中

晩夏～秋　日本全国　刺す・毒

【環境】山地で比較的よく見られる。民家の軒下や木の枝などにも巣を作る。

【形態】日本のアシナガバチで最大の約2～2.6cm。セグロアシナガバチ（p.30）に似るが黄色の紋がより鮮やか。

【被害】刺されると激痛とともに腫れるが、スズメバチよりやや軽度。アナフィラキシー・ショックを起こすこともある。

円盤状の巣

## キボシアシナガバチ 中

晩夏～秋　北海道～九州　刺す・毒

【環境】平地から低山地に生息し、都市郊外で営巣することもある。

【形態】全体に黒色で赤褐色の模様が入る。体長は1.4～1.8cmとやや小形。

【被害】攻撃性はやや強く、木の枝や葉裏に作られた黄色い巣に気づかず刺されることが多い。

巣は黄色

全体に暗色　写真●kt

## ムモンホソアシナガバチ 中

晩夏～秋　北海道～九州　刺す・毒

【環境】平地から低山地でよく見られ、市街地は少ない。草木の葉裏に巣を作る。

【形態】全体に黄色味が強く、腹部の第1節（胸部との付け根）は細くくびれる。

【被害】攻撃性はやや強く、刺されると激痛とともに腫れるが、スズメバチに比べるとやや軽度。

第1腹節のくびれが特徴

葉の裏に巣を作る

## コアシナガバチ 中

晩夏～秋　北海道～九州　刺す・毒

【環境】低地から市街地で普通に見られる。庭木や軒下など身近な場所に営巣することもある。

【形態】アシナガバチでは小形で約1～1.7cm。全体に黒色で赤褐色と黄色の斑紋がある。

【被害】刺されると激痛とともに腫れるが、スズメバチに比べるとやや軽度。

赤褐色と黄色の斑紋

ニホンミツバチは腹部全体が黒っぽい

セイヨウミツバチの腹部のしま模様は黒い部分が少ない

写真●kt

# ミツバチ類　　ミツバチ科　　日本全国　　刺す・毒

環境：各地で飼育されているほか，山野に生息。巣は樹洞に作られることが多い。近年は市街地でも増加の傾向がある。

形態：体長約1cmの小形のハチ。胸部は黒褐色，腹部には黄褐色の帯状紋がある。

被害：ほかのハチと異なり，刺された部位に針が残る。刺されると痛みとともに紅斑が生じる。アナフィラキシー・ショックによる死亡例もある。

## ファーストエイド！

①巣が近くにある可能性が高いので早急に現場から遠ざかる。アナフィラキシー・ショックの疑いがあれば，大至急，救急車を呼ぶか病院へ行く（p.24-25参照）

②患部に針が残っている場合は，毒を押し出さないように針の先のほうを持って引き抜く。

残った針を指でつまんで取ろうとしない

針は先のほうを持って引き抜くか，指ではじく，カード等で払うなどして落とす

③ハチの毒は水に溶けやすいので，毒を絞り出すようにしながらよく水洗するか，濡れた布をあてる。ポイズンリムーバーで毒を吸い出すのも効果的。

④抗ヒスタミン剤を含むステロイド外用薬を塗り，ひどい腫れは氷のうや湿布で局所を冷やす。

## 予防（ゼロエイド）

巣を刺激しない。蜜や花粉を集めている個体にも近づかないこと。ハナアブなどにやや似るが，ミツバチは触角が長く，複眼は小さい。

## セカンドエイド

全身症状が強ければ，抗ヒスタミン剤を内服。

雌

雄

無毒

無毒

ホバリングする雄は毒針がない。
雄は複眼の下（頭楯）が黄色

# キムネクマバチ  コシブトハナバチ科  北海道～九州  刺す・毒

<u>環境</u>：平地～低山地に広く生息し，人家周辺でも花を求めて飛び回る姿が
　　　よく見られる。

<u>形態</u>：体長2.1～2.3cmの大形のハチ。全身黒いが，胸部の毛が黄色いの
　　　で目立つ。

<u>被害</u>：めったに人を刺さないが，雌を不用意につかむと刺すことがある
　　　（雄は刺さない）。刺された瞬間は痛いが，少し腫れるか，ほとん
　　　ど痕は残らない。

## ファーストエイド！

毒性は低く，基本的に特別な処置は必要ないが，腫れが大きけ
ればステロイドを含む外用薬などを塗る。

### 予防（ゼロエイド）

5月ごろに空中でホバリングしてあまり動かない個体は，毒針をも
たない雄のことが多い。一方，樹木や木造建築物などに開けられ
た穴（巣）に出入りする雌は不用意につかまない。

### セカンドエイド

基本的には必要ないが，腫れがいつまでも引かなかったり，かゆ
みがひどい場合は医師の診断を仰ぐ。

# そのほかのミツバチ（ミツバチ科）

## オオマルハナバチ

`低` `夏～秋` `北海道～九州` `刺す・毒`

【環境】山地寄りの環境で比較的見られる。さまざまな花に訪れる。
【形態】全体的に黒色で腹部の先端はオレンジ色。女王バチと働きバチに灰色の毛がある。大きさは約1～2cm。
【被害】めったに刺さないが、つかもうとすると刺すことがある。毒は弱いが痛みは強い。

写真●kt

## コマルハナバチ `低`

`早春～夏` `北海道～九州` `刺す・毒`

雌は全体的に黒っぽい

【環境】市街地でも普通に見られ、園芸種の花などに訪れる。
【形態】雌は全身が黒っぽく、腹部の先端にオレンジ色の毛がある。雄は全身黄色。大きさは約1～2cmと小形。
【被害】めったに刺さないが、つかもうとすると刺すことがある。毒は弱いが痛みは強い。

## トラマルハナバチ

`低` `夏～秋` `北海道～九州` `刺す・毒`

全体にオレンジ色味が強い

【環境】平地から山地で見られる。アザミやサクラソウ、ツリフネソウ、イカリソウなどの花をよく訪れる。
【形態】雌雄とも明るいオレンジ色で腹部の先端が黒い。
【被害】めったに刺さないが、つかもうとすると刺すことがある。毒は弱いが痛みは強い。

写真●kt

## セイヨウオオマルハナバチ `低`

`春～秋` `外来種、他地域でも確認例あり` `刺す・毒`

腹部の先端は白い

【環境】トマトのハウス栽培で利用されるほか、野生化した個体が市街地などで普通に見られる。
【形態】全体に黄色と黒のしま模様。腹部の先端は白い毛で覆われる。大きさは約1～2cm。
【被害】在来のマルハナバチより攻撃性がやや強いといわれる。毒は弱いが痛みは強い。

写真●環境省自然環境局

## サトジガバチ アナバチ科

北海道〜九州 刺す・毒

【環境】平地から低山地で普通に
見られる。
【形態】全体が黒っぽく，腹部の
一部はオレンジ色味を帯びる。腹
部の基部は細長い。
【被害】めったに人を刺さないが，
不用意につかむと刺すことがあ
る。

## スズバチ ドロバチ科

北海道〜九州 刺す・毒

【環境】平地から低山地で普通に
見られる。民家の軒下や木の枝な
どにも泥で固めた巣を作る。
【形態】全体的に黒色で，黄色い
斑紋がある腹部の第1節は細くく
びれる。
【被害】めったに人を刺さないが，
不用意につかむと刺すことがあ
る。痛みと腫れはあるが，長く続
かない。

※スズバチは夏〜秋

### ファーストエイド！

毒性は低く，基本的に特別な処置は必要ないが，腫れが大きけ
ればステロイドを含む外用薬を塗る。

危険性 低 中 高

### 予防（ゼロエイド）

不用意につかんだりしない。

### セカンドエイド

すぐに痛みはひくが，症状が重い場合には医師の診断を仰ぐ。

# そのほかの狩りバチ

## キバネオオベッコウ（ベッコウバチ科）

低 ｜ 夏〜秋 ｜ 本州以南 ｜ 刺す・毒

【環境】平地〜低山地の草地や住宅地周辺でもよく見られる普通種。
【形態】翅は全体に茶褐色で，胸部から腹部は黒い。
【被害】めったに人を刺さないが，不用意につかむと刺すことがある。刺された瞬間の痛みは激しい。

## オオモンクロクモバチ（ベッコウバチ科）

低 ｜ 春〜秋 ｜ 北海道〜九州 ｜ 刺す・毒

【環境】平地に多く，木の穴や竹筒などを利用して営巣する。巣の入り口には鳥の糞などが塗りつけてある。
【形態】体は黒色で，全体的に青藍色の光沢がある。
【被害】めったに人を刺さないが，不用意につかむと刺すことがある。

写真●OK

## ミカドアリバチ（アリバチ科）

低 ｜ 春〜秋 ｜ 北海道〜九州 ｜ 刺す・毒

【環境】平地から低山地まで広く生息し，マルハナバチ類に寄生する。
【形態】雌は翅が退化しており，地表で生活するため，アリに間違われやすいが毒針をもつ。
【被害】めったに人を刺さないが，不用意につかむと刺すことがある。

### スズメバチとアシナガバチの見分け方

スズメバチ
腹部は太く，腰のくびれがはっきりしている。

アシナガバチ
全体にスマートで腹部から腰のくびれはなだらか。

巣盤は何重にも重なり外皮で覆われ，全体の形は球形や卵型，初期にはとっくり型など。

スズメバチのように巣盤が外皮でおおわれておらず，むきだしになっている。

後脚をたらさずに直線的に飛ぶ

後脚をだらりとたらしてフラフラと飛ぶ

37

幼虫

成虫

卵, 幼虫, 繭, 成虫, すべての
ライフステージで毒針毛をもつ

若齢幼虫は白っぽい

卵

# チャドクガ ドクガ科 本州〜九州 刺す・毒

※通年注意が必要だが, 特に4〜6月, 8〜10月ごろは注意

環境：幼虫はツバキ, サザンカ, チャなどのツバキ科の葉を食べるため, そ
れらが植栽された都市部の公園, 庭, 街路樹などで見られる。若齢
幼虫は白っぽく, 葉に群れている。

形態：終齢幼虫は体長25〜30mmで, 若齢より黒い部分が多い。成虫は開
張25〜35mm。黄色〜黒褐色で, 翅先に2個の小さな黒点がある。

被害：幼虫〜繭〜成虫のすべてが毒針毛をもち, 特に幼虫による被害が多
い。毒針毛に触れると, じんま疹のように赤く丘疹ができてかゆくな
る。さらに毒針毛は風で飛ぶため, 直接触らなくとも近くにいるだ
けで被害に遭ったり, 干している洗濯物等に付着することもある。

## チャドクガがよく見られる植物

ツバキ（ヤブツバキ）
サザンカより大きく,
葉先はとがる

（25%）

サザンカ
ツバキより小さく,
葉先はわずかにくぼむ

（50%）

チャ（チャノキ）
表脈がくぼんで網目状
になり目立つ

（40%）

写真（葉）●林将之

① セロハンテープなどの粘着テープを何度もあてて毒針毛（肉眼では見えない）を除去するか，流水でよく洗い流す。
② 炎症がひどい場合は，抗ヒスタミン成分を含むステロイド外用薬を塗る。

チャドクガのファーストエイド手順

水で洗う or テープで毒針毛を取る→外用薬を塗る

万一，目に入ってしまった場合はこすらずに水で洗い流す

かゆくてもこすったり，かくのはNG
（毒針毛が残っていると広がってしまう）

**予防（ゼロエイド）**

サザンカやツバキに近づくとき（特に幼虫が発生しやすい時期）は注意する。幼虫を駆除する場合，市販の毒針毛固着剤を噴射してから駆除すると死骸や脱皮殻から毒針毛が飛ばない。成虫は夜間，灯火に飛んでくるので素手でつかんだりしない。

### チャドクガの発生サイクル

| 1月 | 2月 | 3月 | 4月 | 5月 | 6月 | 7月 | 8月 | 9月 | 10月 | 11月 | 12月 |
|---|---|---|---|---|---|---|---|---|---|---|---|
| 卵 | | | | 幼虫 | 繭 | 成虫 | 卵 | 幼虫 | 繭 | 成虫 | 卵 |

**セカンドエイド**

症状には個人差があり，2週間ほどで回復することもあるが，かゆみや腫れがひどい場合は病院へ行く。内服用の抗ヒスタミン剤やステロイド剤を処方してもらえることもある。

幼虫

成虫

写真●東北森林管理局

写真●kt

# ドクガ ドクガ科 北海道〜九州 刺す・毒

環境：幼虫は多食性で，サクラ属，バラ属，クヌギ属など100種以上の植物を食べる。

形態：幼虫は橙色に黒い模様が入る。成虫は濃黄色で中央部に「くの字」状の褐色帯がある。

被害：毒針毛は幼虫や成虫だけでなく，卵や脱皮殻などにもある。刺さると激痛が走り，かゆみを伴う丘疹ができる。

### ファーストエイド！

①セロハンテープなどの粘着テープを何度も当てて毒針毛を除去するか，アルコール綿でそっと拭き取り，消毒する。
②炎症がひどい場合はステロイドを含む塗り薬を塗る。

### 予防（ゼロエイド）

木や葉の裏にいることも多いので，サクラ，バラ，カキノキなど，幼虫のつきやすい植物には注意する。成虫が近付いてきても追い回したりせず，もし駆除する場合は濡れたティッシュでつまむなど，毒針毛の飛散を防ぐこと。

### セカンドエイド

かゆみや腫れがひどい場合は病院へ行く。

40

# そのほかのドクガ（ドクガ科）

## キドクガ

中　春〜秋　北海道〜九州　刺す・毒

【環境】低山地でよく見られる。幼虫はヤシャブシ，マンサク，リョウブ，ハクウンボク，ツツジ類などの葉を食べる。
【形態】幼虫はモンシロドクガに似るが，本種は頭部左右の赤橙色のコブから出る白色，および黒褐色の長毛がひときわ長い。
【被害】毒針毛が刺さると激痛が走り，かゆみを伴う発赤と丘疹を生じる。

幼虫
成虫
写真●東北森林管理局

## モンシロドクガ

中　春〜秋　北海道〜九州　刺す・毒

【環境】平地から山地に生息。幼虫はサクラ，ウメなどのバラ科，クヌギ，コナラなどのブナ科といったさまざまな広葉樹を食べる。
【形態】背中に幅広の橙黄色の模様がある。キドクガに似るが前胸に黒褐色の長い毛束はない。成虫は全体に真っ白で前翅に黒い紋がある。
【被害】毒針毛が刺さると激痛が走り，かゆみを伴う発赤と丘疹を生じる。夜間に人家周辺の明かりに飛んできた成虫の被害に遭うこともある。

成虫
幼虫
写真●東北森林管理局

リンゴケンモン
キドクガやモンシロドクガに似るが毛が長く，先が縮れる。無毒
無毒

## ゴマフリドクガ

中　春〜秋　本州以南　刺す・毒

【環境】平地から山地に生息。幼虫はサクラやバラなどのバラ科，ヒサカキ，ハリエンジュなどの葉を食べる。
【形態】幼虫はモンシロドクガに似るが，頭部から胸部背面にかけての橙色の模様の形が違う。
【被害】毒針毛が刺さると激痛が走り，かゆみを伴う発赤と丘疹を生じる。

幼虫
成虫

毒のない「ドクガ」
ドクガ科は現在50種以上が知られているが，それらのうち毒（毒針毛）をもつのは約10種しかない。

無毒
ヒメモンシロドクガ

無毒
マメドクガ

幼虫は胸部に毒針毛がある

無毒

成虫には毒針毛はない

繭にも毒針毛が残るので不用意に触ってはいけない

# マツカレハ カレハガ科 日本全国 刺す・毒

<u>環境</u>：市街地でも見られ，植栽のアカマツやクロマツ，ヒマラヤスギなどマツ科の樹木につく。

<u>形態</u>：幼虫はマツの枝に似た地味な色合いで，ドクガ（p.40）に比べて毛は短い。成虫は枯れ葉に似るものが多い。

<u>被害</u>：毒針毛は胸部の背面にある。刺さると激痛が走り，紅斑を生じる。翌日からかゆみが生じ，2～3週間続くこともあり，時には発熱なども伴う。

### ファーストエイド！

① セロハンテープなどの粘着テープを何度も当てるか，アルコール綿でそっと拭き取って毒針毛を除去する。毒針毛はチャドクガと異なり肉眼で見えるので，ピンセットで取ってもよい。

② 炎症がひどい場合はステロイドを含む外用薬を塗る。毒にヒスタミンは含まれていないので抗ヒスタミン成分は不要。

### 予防（ゼロエイド）

幼虫は地味な色のため木の幹や枝にいると気づきにくい。食樹になる樹種を不用意に触らない。

### セカンドエイド

かゆみや腫れがひどい場合は病院へ行く。

「こも巻き」は越冬のために樹上から降りてくる幼虫を一網打尽にできる。マツカレハが発生しやすい場所の目安にもなる

幼虫は全身に毒針毛がある

無毒

成虫に毒針毛はない

写真●川邊 透

# タケカレハ カレハガ科 北海道〜九州 刺す・毒

<u>環境</u>：幼虫はタケやススキ，アシなどのイネ科植物を食べるので，竹林や草地，河川敷などで見ることが多い。

<u>形態</u>：終齢幼虫で体長約6cm。幼虫は黄褐色で，背面に暗褐色の点状の線が2本ある。

<u>被害</u>：マツカレハと異なり，毒針毛は幼虫の全身に生えている。刺さると痛み・かゆみを伴う丘疹等を生じる。

## ファーストエイド!

① セロハンテープなどの粘着テープなどを何度も当てるか，アルコール綿でそっと拭き取って毒針毛を除去する。
② 炎症がひどい場合はステロイドを含む外用薬を塗る。毒にヒスタミンは含まれていないので抗ヒスタミン成分は不要。

### 予防（ゼロエイド）

食草となるイネ科植物の多い草むらには不用意に立ち入らない。

### セカンドエイド

かゆみや腫れがひどい場合は病院へ行く。

# そのほかのカレハガ（カレハガ科）

成虫　　無毒

写真●黒崎弘

幼虫

写真●kt

## クヌギカレハ 〔中〕 〔春～初夏〕 〔日本全国〕 〔刺す・毒〕

【環境】「クヌギ」と名前がつくが，クヌギやコナラ，クリなどのブナ科のほか，アカシデやリンゴなどでも見られる。

【形態】終齢幼虫で体長約8～10cm。幼虫は全体に赤褐色だが個体差が大きい。マツカレハ（p42）と同様，胸部に毒針毛をもつ。

【被害】繭にも毒針毛が付着する。毒針毛が刺さると激痛が走り，紅斑を生じる。成虫は無毒。

成虫　　無毒

幼虫

## ヨシカレハ 〔中〕 〔初夏～夏〕 〔北海道～九州〕 〔刺す・毒〕

【環境】ササ，アシ，ススキなどのイネ科植物を食害する。草地や河川敷などの環境で見ることが多い。

【形態】終齢幼虫で体長約6cm。幼虫は全体に黒褐色で，側線部に黄色い斑が帯状にある。

【被害】繭の周りにも毒針毛が付着する。毒針毛が刺さると激痛が走り，紅斑を生じる。成虫は無毒。

幼虫。毒棘は全身，毒針毛は尾端の黒っぽい部分にある

無毒

成虫に毒棘や毒針毛はない

# ヒロヘリアオイラガ 〔イラガ科〕 〔日本全国〕 〔刺す・毒〕

環境：イラガの仲間では都市部で最も多く見られる。幼虫はサクラ，バラ，カキノキ，クスノキ，カエデ類など極めて広範囲の植物の葉を食べる。

形態：幼虫は終齢で体長約4cm。全体に黄緑色で，背面中央に黒っぽい青すじ模様が入る。

被害：毒針毛と毒棘の2種類をもつ。幼虫による被害は基本的に毒棘によるもので，触れると電撃が走るような痛みと同時に，赤く腫れる。繭には毒針毛が付着し，触れるとピリピリした痛みを感じ，皮膚炎を生じる。

## ファーストエイド！

①毒棘が付着した場合はセロハンテープなどの粘着テープなどを当てて除去する。

②痛みが強い場合は保冷剤などで冷却。かゆみや腫れがひどい場合は，抗ヒスタミンやステロイドを含む塗り薬を塗る。

### 予防（ゼロエイド）

市街地の植栽の葉裏にいることも多いので，不用意に葉に触らない。庭木の手入れをする際にはよく確認してから作業を行う。また，樹皮についた繭に不用意に触らない。

### セカンドエイド

ドクガのように痛みやかゆみが長続きすることはないが，症状がひどい場合は病院へ行く。

成虫が出た後の繭。毒針毛は残っていない。新しい繭には毒針毛がつくので注意

45

幼虫。毒棘は全身にある

イラガ類は若齢幼虫のころ，葉っぱに集まってつく

無毒

写真●東北森林管理局

成虫に毒棘や毒針毛はない

無毒

繭に毒針毛はない

# イラガ　イラガ科　北海道〜九州　刺す・毒

環境：平地から山地の広い範囲で見られ，幼虫はサクラ，バラ，カキノキ，クスノキ，カエデ類などさまざまな植物の葉を食べる。

形態：幼虫は終齢で体長約4cm。全体に黄緑色で，背面中央に黒っぽい青すじ模様が入る。

被害：幼虫の毒棘に触れると電撃が走るような痛みがあり，赤く腫れる。人によってはアレルギー反応によって数日間，紅斑やかゆみが続く場合がある。

### ファーストエイド！

①毒棘が付着した場合は粘着テープなどを当てて除去する。保冷剤などで冷却すると痛みは和らぐ。

②痛みは通常，1時間程度で治まるが，アレルギー反応により数日間，症状が続くようであればステロイドを含む塗り薬を塗る。

### 予防（ゼロエイド）

幼虫は毎年同じ木で発生する傾向があるので，幼虫出現期には不用意に木に触らない。庭木の手入れをする際にはよく確認してから作業を行う。

### セカンドエイド

かゆみや腫れがひどい場合は病院へ行く。

# そのほかのイラガ類（イラガ科）

## クロシタアオイラガ 中

夏〜秋　北海道〜九州　刺す・毒

【環境】平地から低山地で普通に見られ、サクラ、クヌギ、ケヤキ、ウメなどに付いている。
【形態】幼虫はイラガ（p.46）に似るが、体長は約2cmとやや小さく、体の模様も異なる。
【被害】毒棘に触れると痛みを伴い赤く腫れ、症状はイラガより長引くといわれる。

幼虫

## ナシイラガ 中

夏〜秋　本州〜九州　刺す・毒

【環境】平地や山地で普通に見られ、チャノキ、サクラ、ウメ、モモ、カキノキ、ナシ、ヤマナラシなどの植物を食べる。
【形態】体長は約2cm、肉質突起は赤褐色で黒い毒棘が生じる。
【被害】幼虫の毒棘に触れると電撃が走るような痛みがあり、赤く腫れる。

幼虫

## アカイラガ 中

夏〜秋　北海道〜九州　刺す・毒

【環境】平地や山地で普通に見られ、チャノキ、サクラ、ウメ、モモ、カキノキ、ナシ、ヤマナラシなどの植物を食べる。
【形態】幼虫は全体にこぶ状の突起があり、それらのうち3対が大きくて赤い。
【被害】幼虫の毒棘に触れると電撃が走るような痛みがあり、赤く腫れる。

幼虫

幼虫。毒棘は短くて黒い。長い毛に毒はない

成虫は無毒

無毒

# タケノホソクロバ マダラガ科 北海道～九州 刺す・毒

環境：幼虫はタケ類・ササ類の葉を食べるため，これらが植栽されている
　　　場所でよく見られる。

形態：幼虫は終齢で体長約2cm。体色は黄褐色で，点在する黒い部分に
　　　毒針毛がある。

被害：幼虫の毒棘に触れると激しく痛み，赤く腫れる。痛みは数時間後に
　　　消えるが，かゆみは1～2週間続く場合がある。

## ファーストエイド！

マダラガの仲間は毒にヒスタミンを含むため，抗ヒスタミン成分
を含むステロイド外用薬を塗るとよい。

## 予防（ゼロエイド）

幼虫の食草であるタケ類・ササ類を
不用意に触らない。葉が白くなって
いるのが若齢幼虫の食痕であり，そ
のような場所では特に注意する。

## セカンドエイド

かゆみや腫れがひどい場合
は病院へ行く。

若齢幼虫の食痕

幼虫

成虫は無毒

無毒

# ウメスカシクロバ  マダラガ科  北海道〜九州  刺す・毒

<u>環 境</u>：幼虫はウメ，モモ，サクラ，アンズ，スモモなどバラ科植物の庭木や
　　　　果樹でよく見られる。
<u>形 態</u>：幼虫は終齢で体長約2cm。黒っぽく，ずんぐりした体形。白い毒針
　　　　毛がたくさんある。
<u>被 害</u>：幼虫の毒針毛に触れると激しく痛み，赤く腫れる。痛みは数時間後
　　　　に消えるが，かゆみは1〜2週間続く場合がある。

## ファーストエイド！

①毒針毛が付着していれば粘着テープではがす。
②通常は自然治癒に任せても1時間程度で治まるが，炎症が続く
　ようであればステロイド外用薬を塗る。

### 予防（ゼロエイド）

庭木や果樹の手入れをする際にはよく確認してから作業を行う。

### セカンドエイド

かゆみや腫れがひどい場合は病院へ行く。

幼虫

写真●神奈川県ペストコントロール協会

無毒

成虫は無毒

# ヤネホソバ `マダラガ科` `北海道〜九州` `刺す・毒`

環境：屋根がわらや建物の外壁，墓石，わらぶきの屋根，板塀などに生えるコケ類を食べる。

形態：幼虫の体長は約2cmと小さい。頭部は黒褐色，体は灰褐色で，餌となるコケ類が付着していることが多い。

被害：幼虫に触れると激痛を感じ，発赤，丘疹を生じる。翌日ごろからかゆみが起こり，1〜2週間続く。

## ファーストエイド！

①毒針毛が付着していれば粘着テープではがす。

②マダラガの仲間は毒にヒスタミンを含んでいるため，抗ヒスタミン成分を含むステロイド外用薬を塗るとよい。

### 予防（ゼロエイド）

屋内に侵入してきたり，屋根から落ちてくる幼虫に触れて被害に遭うことが多い。ベランダやコケ類が生えやすいところはこまめに掃除しておく。

### セカンドエイド

かゆみや腫れがひどい場合は病院へ行く。

## 生物毒による恐ろしい症状：アナフィラキシー・ショック

### ●初めての被害でもアナフィラキシー・ショックは起こりうる

　ハチや毒蛇，毒毛虫などの生物毒によって起こりうる「アナフィラキシー」とはアレルギー反応の一種で，ギリシャ語の「ana（反抗）」と「phylaxis（防御）」を語源としている。アナフィラキシーにも軽度なものから重度なものまで段階があり，ショック症状を起こすなど命の危険を伴う症状を「アナフィラキシー・ショック」という。生物毒の場合，被害を受けるのが2回目以降の場合に発症しやすいが，1回目でも毒の注入量が多いとアナフィラキシー・ショックを起こすことがあるので油断はできない。

### ●医療機関で診察を

　ハチの仲間に関しては，刺されてから1か月程度で病院へ行けば，抗体ができているかどうかを検査できる。ミツバチ，アシナガバチ，スズメバチなど，分類群ごとに抗体反応の有無がわかり，場合によってはアドレナリン（エピネフリン）自己注射キット[※]を処方してもらえる。

　　　　　　　　　　　[※]日本で扱われているのは基本的にエピペン[®]
（ファイザー株式会社が製造販売）

### ●他人が注射薬を打つ可能性もある

　アドレナリン自己注射キットは誰でも購入できるわけではなく，医師の処方によりアナフィラキシーの危険性があると判断された人が入手できる。

　ハチ毒では，アナフィラキシー発現から心停止まで約15分とされるが，病院から離れた山間部などでハチ刺傷に遭った場合は，救急車の到着に時間がかかってしまう。その場合，注射1本で命が助かることもある。

　注射は自身で行うのが原則だが，本人が意識消失などの状態でやむをえない場合は，周りの人が打ってもよいことになっている。そのため注射キット携行者は周りの人にも自身のアレルギー状態を伝えておくことが望ましい。

注射は太ももの前外側に打つ。服の上からでもOK。詳しい使い方はサイトや講習会などで学ぶことができる

写真●宇野誠一郎

# ミイデラゴミムシ

ホソクビゴミムシ科
北海道〜九州　炎症・毒

環境：平地から低山地に生息。幼虫期にケラの卵を食べて育つため，ケラの生息環境である農地や草地周辺の湿潤な環境でよく見られる。主に夜行性だが日中に活動していることもある。

形態：黒い前翅に黄色い紋が目立つ。体長15〜17mmと小さい。

被害：つかもうとすると100℃近くの高温のガスを噴出し，熱感とピリピリした痛みがある。

### ファーストエイド！

皮膚が赤茶色になり見た目は悪いが，色素が沈着しているだけなので特別な手当をしなくても大事には至らない。色素は洗ってもなかなか落ちないが，数日経つと自然に消える。

### 予防（ゼロエイド）

地表を徘徊する個体を不用意につかまない。

### セカンドエイド

万一，体液が目に入ってしまった場合などは水で洗い流し，眼科医へ行く。

写真●遠藤千秋

**オオホソクビゴミムシ**
（ホソクビゴミムシ科）
ミイデラゴミムシと同じ高温のガスを出す。北海道〜九州の平地から低山地の比較的乾燥した場所に生息し，この仲間では普通種。首（胸部）が細いのが名前の由来。ファーストエイドなど，対処法はミイデラゴミムシ同様

脚が褐色と黒色に分かれる

# アオカミキリモドキ　カミキリモドキ科　日本全国　炎症・毒

<u>環境</u>：雑木林に多く，市街地でもよく見られる。日中は不活発で，クリなどの花に集まって花粉を食べる。

<u>形態</u>：体長10〜16mmで，体色は橙色，前翅は光沢のある青緑色。

<u>被害</u>：つかむと毒素（カンタリジン）を含む体液を分泌し，皮膚に触れるとヤケドしたような水腫れになる。

## ファーストエイド！

①水腫れ初期にはステロイドを含む外用薬を塗る。
②水腫れが破れた後は，抗菌作用のある外用薬を塗るとよい。

### 予防（ゼロエイド）

網戸や蚊帳などで侵入を防ぐ。体に止まったときは，つぶさずに息を吹きかけて追い払う。

### セカンドエイド

症状がひどい場合は病院へ行く。

**モモブトカミキリモドキ**
都市近郊でもよく見られる普通種。日本に約40種以上いるカミキリモドキ科のうち，21種が有毒種とされる。

53

写真●ぷい虎

# マイマイカブリ オサムシ科 北海道〜屋久島 炎症・毒

<u>環境</u>：平地から山地にかけての林，草原，河原などに多い。

<u>形態</u>：体長26〜65mmで，体色は光沢のある黒色。ただし後翅は退化していて飛べないため，地域による体形や体色の変化が大きい。

<u>被害</u>：つかもうとするとメタアクリル酸とエタアクリル酸を含む体液を噴射する。皮膚につくとピリピリ痛む。

### ファーストエイド！

①付着した体液を洗い流す。
②細菌の二次感染を防止するため，抗生物質およびステロイドを含んだ外用薬を塗るとよい。

### 予防（ゼロエイド）

地表を徘徊する個体を不用意につかまない。

### セカンドエイド

万一，体液が目に入ってしまった場合などは水で洗い流し，眼科医へ行く。

カタツムリやミミズを食べるため，雨上がりの後などに地表をすばやく歩き回る姿が見られる。

# そのほかのオサムシ類（オサムシ科）

※ここに挙げたオサムシの仲間はごく一部で，日本では約40種が生息している

## アオオサムシ 低

春～秋　本州（中部以北）　炎症・毒

【環境】平地から山地にかけて生息し，市街地にも多い。
【形態】体長22～32mmで，全体的に黒色で緑色味のある光沢がある。地方によって体色に変異が大きい。
【被害】体液が皮膚につくとピリピリ痛む。

## オオオサムシ 低

春～秋　本州～九州　炎症・毒

【環境】低山の森林に生息し，主に夜間活動する。
【形態】体長30～35mmで，背面全体に青紫色で鈍い光沢がある。。
【被害】体液が皮膚につくとピリピリ痛む。

## アキタクロナガオサムシ

低　春～秋
本州（岡山県以西）　炎症・毒

【環境】山地の森林に生息し，主に夜間活動する。
【形態】体長24～33mmで，全体的に黒っぽく，光沢は弱い。
【被害】体液が皮膚につくとピリピリ痛む。

# マメハンミョウ　ツチハンミョウ科　本州～九州　炎症・毒

環境：畑およびその周辺に多く，名前のとおり主にダイズなどのマメ科植
　　　物の葉を食害する。
形態：体長は12～20mm。頭部が赤く，翅と腹に白いしま模様がある。
被害：脚の関節から出す毒素（カンタリジン）を含む黄色い体液が皮膚に
　　　つくと炎症を起こす。

### ファーストエイド！

①付着した体液を洗い流す。
②細菌の二次感染を防止するため，抗生物質およびステロイドを
　含んだ外用薬を塗るとよい。

### 予防（ゼロエイド）

7～9月ごろの農作業中などに被害が多
い。害虫として駆除するときも，うっかり素
手で触らないようにする。

無毒

ゲンジボタルは無毒だが，本
種をホタルと思ってつかみ，
被害に遭うことがある

### セカンドエイド

炎症がひどい場合は病院へ行く。

植物
哺乳類
両生類
爬虫類
魚
昆虫
その他
春 夏 秋
危険性 低 中 高

ヒメツチハンミョウ

写真●東北森林管理局

ミヤマツチハンミョウ

ヒラズゲンセイ。南方系の種だが近年, 分布を拡げている

写真●遠藤千秋

キイロゲンセイ。低山地から山地の草地などで見られる

# ツチハンミョウの仲間　ツチハンミョウ科　本州〜九州

炎症・毒　※春から秋の特に朝夕に注意

環境：農地の周辺や雑木林。飛翔できないため, 地表を歩く。
形態：体長は7〜23mm。翅が短く, 巨大な腹部がむき出しになっている。
被害：体節や脚の関節から出す, 毒素（カンタリジン）を含む黄色い体液による炎症。

### ファーストエイド！

①付着した体液を洗い流す。
②細菌の二次感染を防止するため, 抗生物質およびステロイドを含んだ外用薬を塗るとよい。

### 予防（ゼロエイド）

7〜9月ごろの被害が多い。うっかり素手で触らないようにする。

### セカンドエイド

炎症がひどい場合は病院へ行く。

コアリガタハネカクシ。
中部以北の本州に分布

写真●岡田圭司

写真●東北森林管理局

エゾアリガタハネカクシ。
北海道〜本州中部に分布。
本種に似るが, より大形

# アオバアリガタハネカクシ

ハネカクシ科　日本全国　炎症・毒

環境：農地や河原, 湖沼, ため池の周辺, 湿地など草地に多く, 夜は光に
誘引されて, 人家にも侵入してくる。

形態：体長6〜7mmで, 体色は黒と橙色。青色味のある翅の中に飛ぶため
の翅がある（名前の由来）。

被害：つかむと毒素（ペデリン）を含む体液を分泌し, 皮膚に触れると線
状に炎症を起こす（ミミズ腫れ）。

## ファーストエイド！

患部を洗浄して抗菌成分を含む塗り薬を塗る。
※ステロイド成分を含む薬はこの皮膚炎に対してはあまり効果がないといわれている。

## 予防（ゼロエイド）

夜になると灯火に飛来するので, 網戸や蚊帳などで侵入を防ぐ。体
に止まったら, つぶさずに息を吹きかけるなどして払いのける。

## セカンドエイド

炎症がひどい場合は病院へ行く。

クロヤマアリなどに比べてほっそりしている

# オオハリアリ　アリ科　本州〜南西諸島，小笠原　炎症・毒

環 境：林縁部や人家の周辺など，身近な場所で普通に見られる。石の下や
　　　　朽ち木に営巣し，人家に侵入することもある。

形 態：ほかの普通種であるクロヤマアリやクロオオアリに比べると全体に
　　　　細長く，脚は褐色味を帯びる。

被 害：尾端の針で刺されると強いピリピリした痛みが数十分ほど続く。地
　　　　表付近に腰掛けたときなどに刺されやすい。連続して刺されるとア
　　　　レルギー症状が出ることがある。

### ファーストエイド！

一般に軽症で済むが，腫れや痛みが強ければ抗ヒスタミン成分
を含むステロイド外用薬を塗る。

### 予防（ゼロエイド）

巣をむやみにいじったり，個体をつかんだりしない。

### セカンドエイド

万一，アナフィラキシー症状が出たら病院へ行く。

アリの中にはつかもうとすると咬んだり，蟻酸で攻撃する種がいる

オオズアリ

クロオオアリ

クロヤマアリ

写真●岡田圭司

似ているアカヤマアリの頭部は黒い

写真●東北森林管理局

# エゾアカヤマアリ  アリ科  北海道南部〜本州中部  炎症・毒

環境：本州中部では標高1,500m以上のカラマツ林の林床や草地に生息する。

形態：アカヤマアリに似るが，本種は頭部まで赤褐色。働きアリの大きさは約5〜7mm。

被害：落葉で作られたアリ塚を踏んだときなどに，咬みつくとともに，尾の先から蟻酸の攻撃を受ける。蟻酸を飛ばしてくることもある。

## ファーストエイド！

①水で蟻酸を洗い流す。
②痛みや腫れが強ければ，ステロイド外用薬を塗る。

### 予防（ゼロエイド）

アリ塚（右下）をむやみに触ったり，個体をつかんだりしない。

### セカンドエイド

蟻酸は強い腐食性があるので，万一眼に入った場合は失明の恐れがある。速やかに水で洗い流し，眼科医へ行く。

アリ塚は円すい形で，高さ約50cm〜1mある。

*column 2*

毒をもたない生物が，ハチなどの危険な生物に似て見えるのは，自身の身を守る効果があるとされる。このような擬態の方法を「ベイツ型擬態」という。

コシアカスカシバ（ガ類）

セスジスカシバ（ガ類）

ナシアシブトハバチ（ハバチ類）

ナミホシヒラタアブ（アブ類）

トラフカミキリ（カミキリムシ類）

ヨツスジトラカミキリ（カミキリムシ類）

全身赤っぽい

腹部は暗色

写真●shutterstock

# ヒアリ

アリ科（フタフシアリ亜科）　　北海道〜九州（南米原産の外来種）

刺す・毒

環境：公園，舗装道路わきの裸地，住宅地の空き地，芝生など。

形態：働きアリは体長2.5〜6mmと個体差が大きい。体は赤っぽくつやがあり，腹部は暗色。類似種との正確な識別は顕微鏡観察が必要。

被害：攻撃性が高く，1個体で複数回刺す。刺されるとやけどのような痛み（火蟻の由来）とともに赤く腫れ，やがて膿疱ができる。毒性が強く，アナフィラキシー・ショックで死亡する可能性もある。

## ファーストエイド！

①20〜30分程度，安静にし，体調変化がないか経過観察する。

### →症状が悪化した場合（呼吸困難や意識障害が見られる＝アナフィラキシー・ショックが疑われる）

②最寄りの病院へ行くか，救急車を要請する。

③医師に「ヒアリ（推定含む）に刺されたこと」「アナフィラキシーの可能性があること」を伝え，早急に治療してもらう。

### →症状の悪化がない場合（局所的な腫れや痛みだけ）

❷抗ヒスタミン剤，およびステロイド剤を含んだ外用薬があれば塗る。

❸傷口を冷やし，念のため病院を受診する。

※アナフィラキシーの危険がある人は，予め医師に相談し，エピペン®（アドレナリン自己注射キット）を用意する。ただし，ヒアリは初回の刺傷でもアナフィラキシーの危険があるので，ハチアレルギーの有無にかかわらず，すべての人がアレルギー反応に注意する。

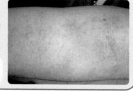

刺傷30分後，全身に写真のような膿疱（小さな腫れ）が出た場合は至急，病院へ（写真●寺山 守）

情報収集が重要。活動場所がヒアリの確認地域であれば，野外作業時に手袋，長そで，長ズボンを着用し，靴を履くなど肌の露出を避ける。市販の防虫剤（ディート，ペルメトリン，テレビン油）の効果はほとんどない。アリが体をのぼりにくくするために，ベビーパウダーを靴やズボンにかける方法もある。緊急で駆除する場合は市販の殺虫剤（アリ用，フィプロニル入りのものがよい）で可能。

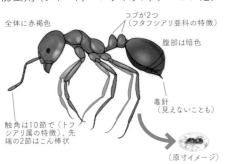

全体に赤褐色

コブが2つ（フタフシアリ亜科の特徴）

腹部は暗色

毒針（見えないことも）

触角は10節で（トフシアリ属の特徴），先端の2節はこん棒状

（原寸イメージ）

## ※「赤っぽくて，大きさにバラツキがあるアリ」に注意

肉眼で小さいアリの形態を確認するのは難しい。上記に加え，「土でできた大きなアリ塚がある」「働きアリの大きさは2.5〜6mmと幅が大きい」といった点に注目しよう（下写真）。

写真●寺山守

ヒアリの巣（アリ塚）
巣は土でできており，直径25〜60cm，高さ15〜50cmのドーム状。1つの巣に数十万個体いる。足を踏み入れると，怒ったアリが登ってくる。手で払い落とそうとすると，余計に刺激するので，体をぶるぶる振り動かしてアリを落とすのがよい（海外ではヒアリダンスと呼ばれる）。2017年7月現在，国内で巣は確認されていない

毒はアルカロイド系のソレノプシンが主成分。幼児や子どもが一度に多数のヒアリに刺されると，この毒の作用で呼吸困難に陥って死亡する可能性があり，大変危険。アナフィラキシーを生じている場合には酸素吸入やアドレナリン筋肉注射，必要に応じてヒスタミン剤やステロイド剤などの投与を行う場合がある。また，ヒアリは外来生物法の「特定外来種」に指定されている。発見したら最寄りの市町村役場や地方環境事務所（環境省の地方支分部局）等に連絡すること。

## ヒアリとアカカミアリ

　アカカミアリはヒアリの近縁種で，以前から日本への侵入が報告されている。外見は非常によく似ており（体長2〜6mm），肉眼での識別は難しい。毒性はヒアリよりも低いと言われている。

アカカミアリ（＊は大型働きアリ）

巣は高いドーム状にはならない

## 在来アリの誤認駆除に注意

　ヒアリと外見が似た在来のアリがいるが，ヒアリに過剰反応して，これらを駆除することは避けたい。在来アリがいない環境はヒアリが定着しやすいという研究結果もある。現状，国内で「黒い[※]」「体長2.5mm未満」「大きさにバラツキのない」アリはヒアリではない。屋内に侵入したなど，生活に影響する緊急性が高いケースを除き，駆除は専門家の意見を聞いて行うようにしよう。

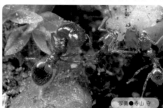

・アズマオオズアリ
（兵アリ3.5mm，働きアリ2.5mm）

・オオズアリ
（兵アリ3.5mm，働きアリ3mm）

☆兵アリ（頭が大きい）と働きアリで外見が異なるが，ヒアリほどサイズの差はない

・オオシワアリ（働きアリ2.5mm）
☆背中に大きなトゲがある（矢印）

・ヒメアリ（働きアリ1.5mm）
☆ヒアリよりかなり小さい

※海外には黒色のヒアリ類（例:クロヒアリ）もいる

最も普通に見られるカ

# ヒトスジシマカ  カ科  本州〜南西諸島  吸血

環境：人家の周辺，木陰，墓地など，最も多く見られるヤブカの1種。
形態：大きさは約4〜5mm。中胸の背面中央に白い1本の縦線がある。
被害：刺された直後に激しいかゆみがある。腫れが収まった数日後に，再びかゆみがぶり返すこともある。

### ファーストエイド!

基本的に特別な手当は不要だが，赤みや発疹が後日出るようであればステロイド外用薬を塗るとよい

### 予防（ゼロエイド）

蚊取り線香をたいたり，虫よけスプレーを体の露出部を中心にかける。幼虫のボウフラはちょっとした水たまりでも生育するので，水の入った花瓶や植木鉢などを放置しない。

### セカンドエイド

万一，発赤や広範囲の膨張など症状がひどい場合は病院へ行く。

### デング熱について

　デング熱とはデングウイルスに感染して起こる感染症で，発熱，頭痛，筋肉痛や皮膚の発疹などが主な症状。海外では東南アジア，南アジア，中南米などで流行しているが，日本では媒介するカが越冬できず，また，卵を介して次世代に伝わることも報告されていないため，感染が流行する可能性は極めて低い。
　2014年8月以降，東京都立代々木公園に関連する患者の発生が報告されているが，これは海外渡航者の血を吸ったヒトスジシマカがウイルスを保有し，そのカがさらにほかの人間を吸血することで感染が起きたと考えられている。

65

# そのほかのカ類（カ科）

## オオクロヤブカ 低

春～秋 | 本州以南（西日本に多い）
吸血

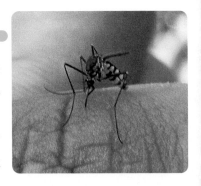

【環境】ボウフラは人や家畜の糞尿の混ざった水から発生するため、キャンプ場や公衆便所の周りなどで比較的多く見られる。
【形態】ヒトスジシマカ（p.65）よりひと回り大きく、脚の斑紋や胸の白い縦すじ模様もない。
【被害】刺された直後に腫れが生じ、かゆくなる。

## ヤマトヤブカ 低

夏～秋 | 日本全国 | 吸血

【環境】市街地には少なく、自然度の高い環境に生息する。
【形態】体長約6mmと、ヒトスジシマカよりやや大きい。
【被害】刺された直後に激しいかゆみがある。

## アカイエカ 低

早春～晩秋 | 日本全国 | 吸血

ボウフラ（イエカの1種）

【環境】下水溝や貯水槽などで発生し、家屋内に侵入してヒトを吸血する。
【形態】体長約5～6mm、体は赤褐色。イエカの仲間は識別が難しく、日本では約30種が知られている。
【被害】刺された直後にかゆみがある。

写真●白井良和

地域によってメジロアブ、オロロ、ツナギ、ウルリなどさまざまな呼び方がある

写真●石川県白山自然保護センター

# イヨシロオビアブ　アブ科　北海道〜九州　吸血

環境：山地や放牧地で大発生して問題になることがある。

形態：大きさはアカウシアブよりひと回り小さく、約11〜14mm。全体に黒色で胸部の白い模様が目立つ。

被害：小さいが集団で襲ってくることが多い。刺されると激痛を感じる。

### ファーストエイド!

抗ヒスタミン成分含有のステロイド外用薬を塗る。

### 予防（ゼロエイド）

肌の露出部を少なくしたり、虫よけスプレーを体の露出部を中心にかけたり、腰に取り付けるタイプの蚊取り線香をぶら下げる。特に早朝と夕方は活動が活発なので注意する。

### セカンドエイド

腫れやかゆみは2〜3週間ほど続く。症状がひどければ病院へ行く。

鋭い口器で皮膚を切り裂く

# アカウシアブ  アブ科  北海道～九州  吸血

環境：林や草原でよく見られる。ウシやウマなどの家畜を襲うので，牧場近くで被害に会うことが多い。

形態：日本のアブ類では最大。

被害：活動は主に早朝と夕方。刺されると激痛を感じる。

### ファーストエイド！

抗ヒスタミン成分含有のステロイド外用薬を塗る。

### 予防（ゼロエイド）

肌の露出部を少なくしたり，虫よけスプレーを体の露出部を中心にかける。

### セカンドエイド

腫れやかゆみは2～3週間ほど続く。症状がひどければ病院へ行く。

# そのほかのアブ類（アブ科）

### ウシアブ 低

春〜秋　日本全国　炎症・毒

【環境】山地に生息。雑木林の樹液にもやってくる。
【形態】体長約17〜25mmの大きなアブ。全体的に黒灰色で，腹部には黄白色の三角紋が並ぶ。
【被害】昼間に活動し，人につきまとう。刺されると激痛を感じる。

写真●kt

### キンイロアブ 低

夏〜秋　北海道〜九州　吸血

【環境】山地に生息。
【形態】体長11〜13mm。胸部は金色の毛で覆われ，眼は緑色のきれいなアブ。
【被害】昼間に活動し，人につきまとう。刺されると激痛を感じる。

### ヤマトアブ 低

夏〜秋　北海道〜九州　吸血

【環境】家畜のいる牧場地。雑木林の樹液で見られることもある。
【形態】体長17〜23mm。灰黒色の背面に黒い縦すじがある。
【被害】昼間〜夕方に活動し，家畜をよく吸血するが，ヒトも吸血する。

脚にまだら模様があるのが特徴

非常に小さいので刺されるまで気づかないことも多い

# アシマダラブユ 〔ブユ科〕 〔日本全国〕 〔吸血〕

※九州以南では通年で被害に遭いやすい

環境：ブユの仲間では国内で最も多く見られる。渓流沿いや草原等に生息する。

形態：脚は黒色で，各節の基部に黄白色の紋がある。

被害：被害は主に早朝と夕方。蚊よりも腫れがひどく，かゆみも1～2週間ほど続く。腫れの中心には溢血（いっけつ）点が見られる。

### ファーストエイド!

刺されると炎症反応が強く出ることが多い。早めに抗ヒスタミン成分含有のステロイド外用薬（ランクの高いもの）を塗る。

### 予防（ゼロエイド）

肌の露出部を少なくしたり，虫よけスプレーやハッカ油を体の露出部を中心にかける。

### セカンドエイド

腫れやかゆみは1～2週間ほど続く。症状がひどければ病院へ行く。

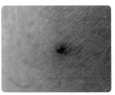

刺傷跡。刺されたところに溢血点（小出血）ができる。

70

イソヌカカ

# ヌカカの仲間 ヌカカ科 日本全国 吸血

環境：急流の河川，水田地帯，海岸近くなど種類によるが野外のさまざまな環境に生息する。

形態：体長は約1〜1.5mmのものが多く，吸血昆虫の中では極めて小さいため気づかないことが多い。

被害：体が小さいため，網戸をくぐり抜けて屋内で刺されることもある。多数に刺されることが多く，カに刺されるよりもはるかにかゆみが激しい。

## ファーストエイド！

抗ヒスタミン成分含有のステロイド外用薬を塗る。

### 予防（ゼロエイド）

肌の露出部を少なくしたり，虫よけスプレーを体の露出部を中心にかける。

### セカンドエイド

発熱などの症状が出る場合は病院へ行く。ブユやヌカカの仲間は非常に小さく，識別が難しいが，ほかにはニッポンヤマブユ，キアシツメトゲブユ，アオキツメトゲブユ，シナノヌカカ，ヌノメモグリヌカカ，ニワトリヌカカなどの被害が多い。

71

写真●遠藤千秋

# オオトビサシガメ サシガメ科 本州〜九州 刺す

※初夏から夏にかけて注意が必要

環境：低山地から山地の森林に生息し，樹上や草上などで見られる。

形態：サシガメの仲間では大きなほうで，体長は約20〜26mm，全体的に
茶褐色。

被害：捕まえると口吻で刺されることがある。刺された瞬間は激痛がし，
毒成分はないがかゆみが数週間続くことがある。

### ファーストエイド！

基本的に痛みは一時的ですぐに治まるが，かゆみが長く続くようであれ
ば抗ヒスタミン成分含有のステロイド外用薬を塗る。

### 予防（ゼロエイド）

むやみにつかんだりしなければ被害に遭うことはない。

### セカンドエイド

特になし。

# そのほかのサシガメ類（サシガメ科）

## ヤニサシガメ 低

初夏～夏　本州～九州　刺す

【環境】平地から低山地で普通に
見られる。マツやスギの樹上で生活
し，ハバチ類の幼虫などを捕食す
る。
【形態】体はヤニのような松脂状の
粘着物で覆われていることが多い。
体長12～15mmとヨコヅナサシガメ
より小さい。
【被害】捕まえると口吻部で刺される
ことがある。

写真●kt

## ヨコヅナサシガメ 低

初夏～夏　本州～九州　刺す

【環境】サクラ，エノキ，ケヤキ，マツ
などでほかの昆虫を捕食する。幼虫
は樹洞や凹み，樹名板の裏などで
越冬する姿がよく見られる。
【形態】体長は約16～24mm。全体
的に茶褐色で，張り出した腹部側面
にしま模様がある。
【被害】捕まえると口吻部で刺される
ことがある。

写真●kt

## クロモンサシガメ 低

初夏～夏　本州～南西諸島〈西日本に多い〉
刺す

【環境】平地から低山地で普通に見
られる。林縁や農地，草地などで小
形の昆虫や土壌動物を捕食してい
る。
【形態】名前の通り体は黒色で，前
翅は褐色～黄褐色。
【被害】捕まえると口吻部で刺される
ことがある。

水田などで背泳ぎで泳ぐ

写真●kt

長くて大きな後脚が特徴的

# マツモムシ マツモムシ科 北海道〜九州 刺す

<u>環境</u>：水草の生えた池や沼，水田，流れの緩やかな小川などに生息。
<u>形態</u>：体長約10〜15mm。発達した後脚をオールのように使って背泳ぎをする。
<u>被害</u>：口吻で刺されると消化液の作用で激痛が走り，場合によってはかゆみも生じる。

## ファーストエイド!

①放置しても数時間〜数日で治る。
②かゆみが激しいようであれば抗ヒスタミン剤を含んだステロイド軟膏を塗る。

### 予防（ゼロエイド）

不用意に捕まえなければ刺されることはない。

### セカンドエイド

特になし。

水草につかまるマツモムシ

マツモムシに刺された痕。一時的に激痛が走るが，すぐに回復する

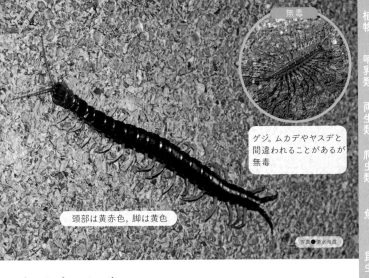

無毒

ゲジ。ムカデやヤスデと間違われることがあるが無毒

頭部は黄赤色、脚は黄色

写真●清水海渡

# トビズムカデ　オオムカデ科　本州〜南西諸島　咬む・毒

環境：オオムカデの仲間では国内で最もよく見られる。夜行性で，昼は土中や倒木，石の下などの湿ったところに潜む。

形態：本州〜九州に分布するムカデの仲間では最大種で，大きいものでは約130mmになる。

被害：咬まれると針が刺さったような痛みがあり，一対の咬み跡が残ることが多い。

### ファーストエイド！

①万一，アナフィラキシー・ショックが疑われる場合は早急に病院へ行くか，救急車を呼ぶ。
②患部をつまむか，ポイズンリムーバーなどを使い，毒液を少しでも出す。
③患部を水で洗い，抗ヒスタミン成分含有のステロイド外用薬を塗る。

### 予防（ゼロエイド）

夜に家屋やテントに侵入して寝ている間に咬まれたり，靴の中に潜り込むことがある。屋内の対策としてはムカデ用の忌避剤も市販されている。家屋周辺では除草や落ち葉掃きをしてムカデがすみにくくする。また，見つけてもむやみにつかんだりしない。

### セカンドエイド

特になし。

# そのほかのムカデ類（オオムカデ科）

頭部, 脚ともに赤褐色

写真●kt

## アカズムカデ （低）（春〜秋）（本州〜九州）（咬む・毒）

【環境】オオムカデの仲間では見る機会は少ない。夜行性で, 昼は土中や倒木, 石の下などの湿ったところに潜む。

【形態】トビズムカデ（p.75）に似るが, 頭部や歩脚が赤褐色。体長は約80〜120mm。

【被害】咬まれると針が刺さったような痛みがあり, 一対の咬み跡が残ることが多い。毒性は日本のオオムカデで最も強いとされる。

頭部は暗青色, 脚は黄色

## アオズムカデ （低）（春〜秋）（本州以南）（咬む・毒）

【環境】平地〜山地にかけて広く生息する普通種。

【形態】トビズムカデ（p.75）に似るが, 頭は胴体と同じ暗青色。体長は約60〜100mm。

【被害】咬まれると針が刺さったような痛みがあり, 一対の咬み跡が残ることが多い。

写真●kt

# ヤケヤスデ
ヤケヤスデ科　日本全国　炎症

環境：石の下や落ち葉の中, 土の中などに生息し, 家屋に侵入することもある。
形態：ムカデと異なり, 1つの体節に2対ずつ歩肢が生えている。
被害：胴の側面から出る臭液が皮膚につくと黄色くなり, 時間が経つと黒
　　　いシミになる。眼や口に入ると炎症を起こし危険。

## ファーストエイド!
①臭液に触れたら水で洗い流す。
②皮膚に痛みを感じるようであれば冷湿布を貼る。

## 予防（ゼロエイド）
むやみにつかんだりしなければ基本的に安全。

## セカンドエイド
ヤスデの液体（臭液）にはヨードやキノン, シアンなどが含まれる。
周期的に大量発生して問題になることがある。ヤスデの仲間は日
本で250種ほどが知られているが, 屋内に侵入してくる等, 問題に
なる種はわずかである。

### ムカデとヤスデの見分け方
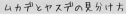

ムカデの仲間
1つの体節あた
り1対の歩肢が
出る

ヤスデの仲間
胴体の5番目以
降の体節では2
対の歩肢が出る

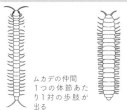
写真●日本最南端の出版社　南山舎

ヤエヤママルヤスデ
八重山諸島に生息する日本
最大のヤスデ。臭液が皮膚
に触れるとヒリヒリと痛む

植物

哺乳類

両生類

爬虫類

魚

昆虫

その他

春

夏

秋

冬

危険性

低 中 高

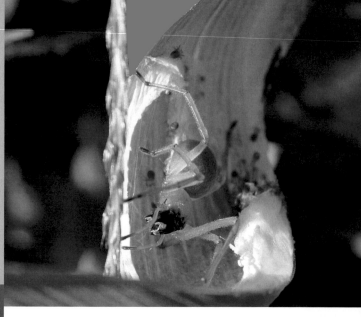

# カバキコマチグモ  フクログモ科  北海道〜九州  咬む・毒

<u>環 境</u>：平地から山地にかけての乾燥したススキ原などに生息。アシで巣を作ることもある。

<u>形 態</u>：体長10〜15mm。雌は全体に黄褐色で頭胸部は橙色，雄の腹部は橙黄色。大きな牙は先端が黒い。

<u>被 害</u>：大アゴで咬まれると鋭い痛みがあり，赤く腫れる。水泡や潰瘍ができることもあり，重症の場合は，発熱，頭痛，嘔吐，ショック症状も併発する。

### ファーストエイド！

①抗生物質とステロイドを含んだ外用薬を塗る。
②腫れがひどければ水で冷やす。

### 予防（ゼロエイド）

ススキの葉で作られた巣を開いたりしない。草刈りのときは長袖シャツに長ズボン，軍手などを着用すること。

### セカンドエイド

クモの毒は神経毒で，症状には個人差が大きい。全身症状が出たときは病院で治療を受ける。国内のクモによる咬傷では，本種の被害が最も多い。

①大アゴは先端が黒い
②チマキ状の巣。雌は巣
の中で産卵する。巣と知ら
ずに不思議に思って開い
たところを咬まれてしまう
ケースが多い
③ススキやアシの広がる
河原に多く生息する

## ヤマトコマチグモ

フクログモ科　中〜高　夏
日本全国　咬む・毒

【環境】カバキコマチグモとは異なり、
湿った草地で見られる傾向がある。
【形態】カバキコマチグモに比べて小さ
く、体色も濃い。雌は体長9〜11mm。腹
部は褐色で頭胸部に赤色味がある。
【被害】大アゴで咬まれると鋭い痛みがあ
り、赤く腫れる。水泡や潰瘍ができるこ
ともあり、重症の場合は、発熱、頭痛、嘔
吐、ショック症状も併発する。ファースト
エイドなどはカバキコマチグモと同じ

写真●岡田圭司

特定外来生物（人や生態系に害を与える外来生物で、外来生物法により輸入や飼育、移動などを規制）に指定されている

写真●環境省自然環境局

# セアカゴケグモ

フクログモ科 ｜ 日本全国（外来種）

咬む・毒

環境：日当たりがよい場所の人工物のすき間や凹み、穴、溝などに生息する。

形態：雌は体長約10mmで全身が黒く、腹部背面と腹面に赤い斑紋がある。雄はひと回り小さい。

被害：雌は強力な神経毒をもち、咬まれた直後の痛みはあまりないが、痛みは徐々に増し、やがて激痛となる。全身症状として異常発汗、嘔吐、倦怠感などが出ることがある。

## ファーストエイド！

①咬まれた部分を水で洗う。
②抗生物質とステロイドを含んだ塗り薬を塗る。
③腫れがひどければ水や氷で冷やす。

## 予防（ゼロエイド）

雨の当たらない乾燥した地表付近、排水溝やフタの裏、自動販売機の下、ブロックの穴の中、室外機の裏、水抜きパイプの中などに注意。性質はおとなしいので、体についてもあわてず、そっと払いのける。

## セカンドエイド

全身症状など、症状がひどい場合は病院で処置を受ける。ほとんどが軽症で済むが、重症化した場合は抗毒素血清による治療も必要。咬んだクモの種類が具体的にわかると治療がスムーズにいく。

無毒

雄は雌の半分以下の大きさで、毒はもっていない

# ハイイロゴケグモ

フクログモ科　中　夏　本州, 九州, 南西諸島（外来種）　咬む・毒

【環境】
　セアカゴケグモ同様に，人工物を好む傾向がある。
【形態】
　セアカゴケグモとほぼ同大。腹部の色は褐色～黒色と個体差が大きい。
【被害】
　毒性はセアカゴケグモと同じだが，攻撃性はやや低い。

セアカゴケグモほど被害件数は多くないが国内で確認例がある。
本種も特定外来生物に指定されている

写真●環境省自然環境局

歩道橋の橋脚にいた雌。体色の
個体差が大きい

■：セアカゴケグモ
■：セアカゴケグモと
　　ハイイロゴケグモ

**セアカゴケグモ，ハイイロゴケグモが確認
された都道府県**
年々，確認地域が増えており，現在はほ
ぼ全国で確認されている

写真●kt

# マダニの仲間 　マダニ科 　日本全国 　吸血・感染症

<u>環境</u>：平地から山地までさまざまな種類が生息している。野生動物の密度
　　　が高いところはマダニも多い。

<u>形態</u>：体長は多くが約2〜5mmだが，吸血後は約1cmにもなる。

<u>被害</u>：咬まれると1日ほどかけて口器が固定される。痛みはなく，少し濡
　　　れたり圧迫された程度では離れないため，数日間吸血されて大きく
　　　なってから気づくこともある。

## ファーストエイド！

①現場ですぐに気づけば指ではがすことができるが，時間が経っ
　てから無理やり引き剥がそうとすると口器が皮膚内に残るため
　危険。マダニ用ピンセットを使えば安全に剥がしやすい。

②咬まれて数日経っていて，自分で剥がしにくければ皮膚科で切
　除してもらったほうがよい。

ピンセットを使う
時は皮膚に近い
部分をつかむ

マダニ用ピンセット
があると安全に外し
やすい。商品によっ
て使い方が若干異な
るので注意

時間が経ってから
無理やり剥がすの
は口器が残りやす
く危険。

予防（ゼロエイド）

服装は虫刺され対策と同様，皮膚を露出しない。葉から飛び移ってきたりするので，やぶこぎなども避ける。同行者がいれば休憩時などにダニがついてないか，お互いに確認する。

セカンドエイド

患部周辺に大きな潰瘍ができたり，発熱がある場合はライム病や紅斑熱などの感染症の疑いもあるので病院で診察を受ける（感染症についてはp.85参照）。

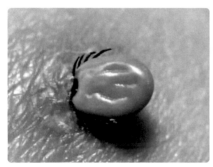

皮膚に咬みついてから時間が経つと簡単には剥がれない。生命力も強く，入浴したり，座って圧迫されたぐらいでは死なない。何日も吸血して大きくなってから初めて違和感を感じ，マダニだと気づくことが多い

写真●国立感染症研究所昆虫医科学部

口器には逆向きの歯があるので抜けにくい

---

そのほかのマダニの仲間

写真はすべて国立感染症研究所昆虫医科学部

ヤマトマダニ
体は黄褐色。全国の低山地に生息し，マダニの仲間では最もヒトへの寄生例が多い。野兎病を媒介するほか，日本紅斑熱の病原体リケッチアが検出されている

タカサゴキララマダニ
大形種で満腹時には約25mmにもなる。本州の温暖な地域～南西諸島に多い。ヒトの寄生例はヤマトマダニとともに多く，特に老人や小児が被害にあいやすい。日本紅斑熱の病原体リケッチアが検出されている

フタトゲチマダニ
屋久島以北～北海道に分布。日本紅斑熱の病原体リケッチアが検出されているほか，SFTS（重症熱性血小板減少症候群）のウイルスも媒介する

タテツツガムシ。
北海道を除く全国に分布

写真●埼玉県衛生研究所

写真●埼玉県衛生研究所

フトゲツツガムシ。
北海道～九州に分布

# ツツガムシの仲間　ツツガムシ科　日本全国（種類によって異なる）　刺す

※アカツツガムシは初夏～秋に注意が必要

環境：下流の河川敷の草地などに多いが，分布は局地的。
形態：体長は0.2～0.3mmと肉眼で視認することはほぼ不可能。楕円形の体に毛が密生する。
被害：幼虫期に動物に吸着して体液を吸う。つつが虫病を媒介する。

## ファーストエイド！

①かゆみには抗ヒスタミン剤含有のステロイド外用薬を塗る。
②主要3徴候である発熱，発疹，刺し口などがある場合，感染症の疑いがあるのですぐに医師の診察を受ける。

### 予防（ゼロエイド）

山林や野原に立ち入るときは，素肌の露出をおさえ，露出部には虫除けスプレーを散布しておく。

### セカンドエイド

つつが虫病の場合，潜伏期間は5～14日で，全身の発疹や高熱の症状がある。症状が出た場合は，医師の指示に従って抗生物質（クロラムフェニコールやテトラサイクリン系）を服用する。つつが虫病には2タイプあり，アカツツガムシは古典型，フトゲツツガムシやタテツツガムシは新型を媒介する。近年の発症例はほとんどが新型（感染症についてはp.85参照）。

## ダニが媒介する感染症

　マダニ類（p.82）やツツガムシ類（p.84）などのダニに吸血されると，ダニが保有している細菌やウィルスなどが体内に侵入し，病気を発症することがある。国内では日本紅斑熱やつつが虫病，ライム病，回帰熱，重症熱性血小板減少症候群（SFTS）などの事例がある。これらは，抗生物質などで治療することが可能なので，発熱などの症状が現れた場合は，早めに病院で診察してもらう必要がある。

### ●日本紅斑熱

　日本紅斑熱リケッチアという，ネズミ等が保有する細菌をマダニが媒介し，人に感染する。通常，人から人へは感染しない。潜伏期間は咬まれてから2〜8日後，症状はつつが虫病と同様に，発熱，発疹，刺し口の主要3徴候などが見られる。国内では毎年100人以上の患者が報告されており，死亡例もある。重症の場合は意識障害や痙攣などを引き起こす。

### ●つつが虫病

　ツツガムシが保有するつつが虫病リケッチアという細菌によって発症する。ツツガムシは林，草むら，河川敷などの土の中に生息している。人から人へは感染しない。潜伏期間が5〜14日，高熱と発疹を伴い，重症化すると死に至る場合もある。国内では毎年400人ほどの患者が報告されている。

### ●重症熱性血小板減少症候群（SFTS）

　感染症としては比較的新しく，2011年に中国でウィルスが確認され，日本国内では2013年に初めて患者が報告された。西日本で感染例が多く，2016年9月時点では200人以上の患者が報告され，死亡事例は約50人にものぼっている。フタトゲチマダニ等のマダニが保有し，感染した場合の潜伏期間は6〜14日ほど。発熱，嘔吐，腹痛，下痢，頭痛，筋肉痛などのほか，血小板減少や白血球減少も伴う。

## ヤマビル ［ヒルド科］ ［本州（岩手，秋田以南）～南西諸島］ ［吸血］

<u>環境</u>：落ち葉の堆積したあまり整備されてない道やけもの道，沢沿いの道
　　　などでよく見られる。

<u>形態</u>：全長約2～3cm，伸びると約8cmにもなる。全体に茶褐色で黒い3
　　　本のしま模様がある。

<u>被害</u>：皮膚の柔らかいところから吸血する。毒はなく，痛みも感じないの
　　　で気づきにくい。

### ファーストエイド！

①ヒルがまだ付着している状態であれば，ヒル忌避剤や虫よけスプレー
　をかけてはがす。
②道具がなければ，爪でこそぎ落とすようにしてはがす。
③ヒルが離れた後は，ヒルが注入するヒルジンの作用により出血が止ま
　りにくい。ポイズンリムーバーがあればヒルジンを吸い出す。
④傷口を水洗し，圧迫止血でも血が止まらない時は，絆創膏（止血効果
　のあるもの）を貼る。抗ヒスタミン剤を含む外用薬があれば，塗ってお
　くとかゆみを抑えられる。

### 予防（ゼロエイド）

人の吐く二酸化炭素に反応して，衣服や靴のすき間から侵入するの
で，足回りや袖口，裾などを時々チェックして，ヒルの有無を確
認する。靴やソックス，ウェアなどに虫よけスプレーを散布しておく
と効果がある。

### セカンドエイド

特に必要ないが，血が止まらず不安であれば病院へ行く。

けもの道（野生動物の通り道：矢印）と登山道が交差する付近などは要注意

## チスイビル

ヒルド科　低　春〜秋
北海道〜九州　吸血

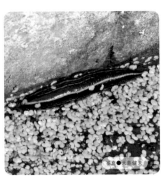

【環境】淡水域に生息し，特に水田で見られるが，近年は農薬の影響等で減少傾向。
【形態】全長約3〜4cm。背面は緑褐色で，数条の黄褐色の縦線が入る。
【被害】素足で農作業や水遊びを行うと吸血されることがある。ファーストエイドなどはヤマビルと同じ

---

吸血しない
ヒルの仲間

無害
ウマビル

水田周辺に生息し，チスイビルに似るが全体に緑色味が強い

無害
コウガイビル

無害
シマイシビル

市街地にも生息するが吸血はしない

アカザ

ギギ

写真●kt

# ギギの仲間 　ギギ科・アカザ科　　本州以南　　炎症・毒

環境：河川中流〜上流域の岩陰に潜むが，夜行性で見る機会は少ない。

形態：全長15cm（アカザ）〜30cm（ギギ）くらい。4対8本のヒゲや，背びれと尾びれの間にもう1つ大きなひれ（脂びれ）がある。

被害：背びれと胸びれに固くて鋭い，毒腺をもつトゲがあり，刺されると激痛が走る。

## ファーストエイド！

①水洗した後，患部をお湯につけると痛みが和らぐ。

②炎症がひどければ，抗ヒスタミン成分を含む塗り薬を塗る。

### 予防（ゼロエイド）

不用意に岩の下を素手で探ったりしない。釣れたり，網にかかったりしたときには，メゴチバサミなどで押さえて外すか，ラインを切るのが安全。

写真●kt

ギギの毒トゲの位置
（円内）

### セカンドエイド

ギギの仲間のもつ毒素は主にアルカロイドといわれ，熱に弱い。お湯につけると痛みが和らぐのはそのため。症状がひどい場合は病院へ行く。

名前の由来である赤色の腹面

写真●kt

# アカハライモリ イモリ科 本州〜九州 炎症・毒

環境：池，水田，ため池，小川の水の中やその周辺の陸上。

形態：全長約8〜13cm。背面は黒または褐色で，腹面はオレンジ色味のある赤色。

被害：触った後で目や口など，粘膜のあるところを触ると炎症を起こすことがある。

## ファーストエイド！

目や口に入り，炎症が起きた場合は，水でよく洗浄する。

### 予防（ゼロエイド）

不必要に触れない。また，触ったときはその手でほかの場所を触らず，すぐに水でよく洗う。

### セカンドエイド

皮膚，および筋肉にフグ毒と同じテトロドトキシンをもつ。症状がひどい場合は病院へ行く。

南西諸島で見られる近縁種のシリケンイモリ。毒性はアカハラライモリとほぼ同じなので注意

89

上陸したばかりのアズマヒキガエルの幼体。大きさは約1cm

交接するアズマヒキガエル

卵のうは早春（2〜3月ごろ）に見られる

耳腺の付近は特に触れない

# ヒキガエルの仲間　ヒキガエル科　日本全国　炎症・毒

環境：森林，田畑，人家の庭など，水域がなくてもやや湿ったところがあれば生息する。

形態：在来のカエルでは最大級で全長約15cmにもなる。背面，および側面にいぼ状の突起が点在する。

被害：耳腺や体表から乳白色の毒（ブフォトキシン）を分泌し，目や口に入るとしみたり，炎症を起こすことがある。

## ファーストエイド！

目や口に入った場合は早急に水でよく洗う。

### 予防（ゼロエイド）

不必要に触れない（特に耳腺付近）。また，触ったときはその手でほかの場所を触れず，すぐに水でよく洗う。

### セカンドエイド

症状がひどい場合は病院へ行く。

オオヒキガエル

写真●feathercollector

小笠原諸島や大東諸島，先島諸島に生息する特定外来生物（p.80）

瞳孔は丸い。頸にも毒腺がある

写真●椿 康一

色彩変異が多く, 模様の
目立たない個体もいる

青色型

# ヤマカガシ ナミヘビ科 本州〜九州 咬む・毒

環境：カエルを好むため水田や河川など水辺周辺で見かけることが多い
が, 食物さえあれば山地にも生息する。

形態：全体として黒っぽく, 点在する赤い模様が目立つ。地域による色の
変異が大きく, 全身が茶色や黒色の個体もいる。

被害：浅く咬まれれば問題ないが, 口内奥の有毒牙に到達するとたいへん
危険。奥歯の根元にあるデュベルノイ腺からの毒が入り, 初期症状と
して腫れや痛みが出る。また頸からも毒が出て, 目に入ると激痛。

## ファーストエイド!

### ●毒牙で咬まれた場合
①咬んだヘビが離れないときには, 逆にヘビを傷口に押し付
けて, 口を広げさせる。
②ポイズンリムーバーがあれば毒を吸い出し, 患部を洗う
③一過性の激しい頭痛, 歯茎や古傷からの出血, 皮下出血や
血尿, あるいは尿が出ないなどの症状が現れたら病院へ急
ぐ（症状は咬まれて数時間〜1日後に出るケースが多い）。

### ●頸腺の毒を浴びた場合
水で洗い, もし目に入った場合は急いで眼科医を受診する。

### 予防（ゼロエイド）

基本的におとなしいが, 踏んだり, 棒で叩いたり, 手に取ろうとしない。

### セカンドエイド

毒牙からの毒は主に血液凝固作用を引き起こす。注入された場合
は, 大量の輸血, 人工透析, 止血のためのアミノカプロン酸の使用
などを含む全身治療を行う必要も出る。

中央に黒い斑点が入る銭型模様で、瞳孔は縦長

目先のピット器官で赤外線を感知するため、肌の露出（特に足回り）が多いほど咬まれる危険性が高くなる

写真●kt

# ニホンマムシ

クサリヘビ科　日本全国（大隅諸島以北）　咬む・毒

環境：平地から亜高山帯まで、隠れる場所と食物があればどこにでも生息できる。基本的に夜行性だが、昼間に活動することもある。
形態：全身黒褐色で中央に黒い斑点のある銭形模様。瞳孔は縦長。
被害：強い出血毒をもち、咬まれると患部に激痛がして腫れる。

### ファーストエイド！

①走ってでもいち早く医療機関で受診する方が軽傷で済むといわれている。顔や首を咬まれたら、腫れて窒息の危険があるため、特に急ぐ必要がある。
②咬まれた部位が手であれば、指輪や時計などを外す。
（毒を止めようと細いヒモなどできつくしばるのはNG）

※以下の処置は救急車を待つ間など、手すきであれば行う
③ポイズンリムーバーがあれば毒を吸い出す。口で毒液を吸い出すのは、今日では奨励されていない。毒を出そうとナイフで傷口を開いたり、氷で冷やしてはいけない。
④水分を多く摂取し、血中の毒素濃度を薄める。

春 夏 秋 冬

危険性 低 中 高

植物 哺乳類 両生類 爬虫類 魚 昆虫 その他

救急車が早く来るようなら待つ。時間がかかる場所なら，応急処置の後，走って人里に出て助けを求めるなど，早い受診を試みる。
※走ると毒の周りが早くなるとされるが，最近の研究結果によると状況によっては走ってでもいち早く受診したほうが良いとされる。

## 予防（ゼロエイド）

基本的におとなしいが，踏んだり，手に取ろうとすると危険。50cm以内に近づかず，足は登山靴程度の履物をしていれば安全性は高い。ふだんの動作は鈍いが，攻撃時はすばやく，音もなく飛びかかる。対馬（長崎県）にはツシママムシが生息する。毒性はほぼ同じ。

## セカンドエイド

毒性はハブ（p.94）よりも強いが，注入量が少ないため，死亡例は稀。毒のほかに，不潔な歯牙による感染や破傷風を予防するための治療も受ける必要があり，病院で破傷風抗毒素の投与が行われることもある。最近は血清を打たない判断をする病院も多い（血清はアレルギー症状が出やすいため）。

### 毒牙の位置の違い

前牙類
（マムシ，ハブなど）
毒は咬まれた瞬間に注入される

後牙類
（ヤマカガシなど）
口の奥に毒牙があり，毒が注入される可能性は低い

無毒

アオダイショウの幼蛇。マムシに似ており間違われやすいが，体形はマムシのほうが短くずんぐりしており，アオダイショウは細長い

大きな個体では約2mになる。咬まれた激痛は「焼いた火箸を当てる」と形容される

写真●中村友洋

## ハブ   クサリヘビ科   南西諸島（トカラ列島以南）   咬む・毒

環境：夜行性で日中は岩のすき間や木の根本の穴，サトウキビ畑などに潜む。

形態：頭部は大きくて長い三角形。黒褐色の斑が全体にあるが，個体差や島による変異が大きい。

被害：咬まれた瞬間に毒が注入され，激痛がする。患部は腫れあがり，症状はゆっくり全身に広がる。

### ファーストエイド！

①毒の回りは遅いので落ち着いて速やかに病院へ行く手配をする。

②咬まれた部位が手であれば，指輪や時計をすぐに外す。

③ポイズンリムーバーがあれば毒を吸い出す。口で毒液を吸い出すのは，今日では奨励されていない。

※細いひもで強く縛ったり，咬まれた部位を切開しない。氷で冷やすのもNG。

### 予防（ゼロエイド）

住居の周りに隠れ場になるものを置かない。草刈りや農作業の際には服装を整え，必要に応じて捕獲棒などを持つ。見つけた場合は近づかないこと。攻撃範囲は全長の1/2の半径の円内におよぶ。

### セカンドエイド

毒の強さはマムシより弱いが，注入量が多いため被害が大きい。大量の輸血，人工透析，止血のためのアミノカプロン酸の使用などを含む全身治療を行う必要も出る。毒はタンパク質分解酵素を含むため，患部が壊死し，後遺症が残るケースもある。

ヒメハブ

写真●中村友洋

国内のハブの仲間はこのほかにサキシマハブ，タイワンハブ，トカラハブが生息し，分布や攻撃性，毒性などが異なる

## スッポン スッポン科

`日本全国` `咬む`

【環境】水底が泥になっている沼や河川に生息。産卵期以外ではあまり水から出ない。

【形態】甲羅がゼラチン質のやわらかい皮膚に覆われている。鼻孔はブタの鼻のように前に突きでる。

【被害】首がすばやく伸びて鋭い歯で咬みつき、なかなか離さない。爪も鋭いのでひっかかれることがある。

写真●kt

甲羅はほかのカメのように固くない

## カミツキガメ カミツキガメ科

`日本全国〈外来種〉` `咬む`

【環境】流れがゆるやかな場所や止水域で、特に水生植物や岩、沈んだ木などが多い場所を好む。

【形態】全長50cmにも達する大形のカメ。手足は強靱で頭部が大きい。甲羅は小さい。

【被害】鋭い歯と爪をもち、眼の前にいるものは何でも咬みつこうとする。

写真●環境省自然環境局

手足や頭を甲羅内に収納できない

### ファーストエイド!

きれいな水で洗う。出血があれば直接圧迫止血を行い、絆創膏などで傷口を保護する。

### 予防(ゼロエイド)

・スッポン
手を出さない限り、咬まれることはない。捕獲するときは網を使う。手で持たなければならない場合は口や爪が届かないところを持つ。咬まれたときには水につけると離れやすい。

・カミツキガメ
実は臆病な性格で、水中ではカメのほうから逃げる。陸上でも手を出さない限り、咬まれることはない。特定外来生物(p.80)のため、発見した場合は速やかに地元の市町村役場等に情報提供する。

### セカンドエイド

傷口が大きい場合は病院へ行く。特に子供の場合は大きな怪我になる可能性もある。

95

ヒグマ。ツキノワグマよりひと回り大きく、危険度もより高い

ツキノワグマ。胸に三日月形の白い模様が入ることが名前の由来

# ヒグマ・ツキノワグマ

クマ科　　ひっかく・咬む
北海道（ヒグマ）、本州・四国（ツキノワグマ）

※春〜初冬、特に山の食料が少ない7〜9月は人里周辺に出没しやすい

環境：主に山地の森林に生息するが、食料を求めて人里周辺に出没することもある。

形態：太くて短い四肢と大きな体。ヒグマでは体長が3m近くになることもある。

被害：前肢の鋭い爪によるひっかきと、強靭なアゴによる咬みつき。被害者の多くは頭部を負傷し、捕食的攻撃である場合は死亡例も多い。

## ファーストエイド！

① まずクマのいる場所から離れ、安全を確保し、必要に応じて救急を要請すること。
② 被害は顔面の外傷が多い。素人の応急手当が難しい場合でも可能な限りの止血などを行う。

### セカンドエイド

医師の手当を受け、併せて速やかに事故を近隣の人々に知らせる。

予防（ゼロエイド）

被害に遭うと高確率で致命傷につながる。予防を徹底し，何より遭遇しないことが重要。

## ○存在を知らせる

鈴，笛，ラジオを鳴らしたり，声を出しながら歩くことで，人の存在をアピールする。複数で行動する。

## ○遭遇しやすい気候・場所を避ける

濃霧や降雨時の活動はなるべく避ける。明け方や夕方の薄暗い時間帯は特に注意。山道以外にむやみにやぶの中に入らない。また，動物の死骸の周辺には近づかない。

## ○クマを意識する

地元市町村，営林署などから最近の出没情報を得る。足跡，踏み跡，爪痕，クマ剥ぎ，糞，クマ棚などのフィールドサインを見たら，クマの生息域と意識する。新しいフィールドサインであれば，特に警戒を。

### クマのフィールドサイン

ヒグマの爪

ヒグマの足跡。後肢の方が大きい。足の裏全体を地面につけて歩く

ヒグマの踏み跡。クマがフキなどの草を踏み倒した跡

クマ剥ぎ（ツキノワグマ）。シカ剥ぎに似ているが，剥がされた樹皮が大きく，樹木とつながったままであること，門歯の跡が垂直方向に残ることなどの違いがある

フン（ツキノワグマ）。木の実が多く含まれる。太くて大きいのでほかの動物と見間違うことはない。食べたもので色が変わり，くさい臭いはあまりない

写真●環境省日光国立公園

熊棚。クマが木に登りドングリなどを食べた跡にできるもの。出没地域の目安になる

## ○クマを引き寄せない場所づくり

人家周辺で刈りはらいを行い，クマが移動に使う藪をなくす。電気柵を設置する。クマを誘引する原因となるもの（例：ゴミ，残飯，カキの実など熟したまま放置された果樹，家畜の餌，廃棄農産物）をなくすなど，管理を徹底する。

## ○クマの行動のパターン

クマは本来，臆病で人を避けるように生活しており，積極的に人を襲う動物ではない。食性も草食がメインの雑食で，人を獲物と見なしていない。人に対する攻撃は，そのほとんどが防衛的攻撃で，捕食的攻撃はほぼない。しかし，ごく稀に人を積極的に襲

うクマも出現する。これは過去の経験で偶然に人と遭遇し，人を食料と認識したか，人が持ち込んだ弁当やゴミを食べ，人と食料を結びつけて認識してしまったケースであり，危険性が非常に高まる。それ以外だと，偶然に人と遭遇し，驚いてパニックになった，幼獣を連れていて防衛のために人を襲った，といったケースがある。また，突進の多くは威嚇行動であり，至近距離でUターンすることも多い。

○クマ被害の急増について

近年，クマの大量出没が頻繁に起こるようになっている。里山里地では高齢化や機械化により，人の野外での活動が減ったうえに，クマが隠れて移動しやすい藪が残されて市街地近くまで移動しやすくなっていること，また，山でブナなどが凶作になり，越冬準備期に食料が不足することが原因とされ，出没頻度は広範囲で同調している。

●遭遇してしまった場合

距離が離れていれば，気づかれないように静かにその場を立ち去る。近距離で遭遇した場合には，落ち着いて，目をそらさずゆっくり後退し，その場を立ち去る。驚いて大声をあげたり，物を投げたりするとクマも驚き，防衛的攻撃に移ることがある。クマ撃退スプレー（p.9）を携行することも有効だ。風向きを考慮し，トリガーを外して構え，クマが突進して5〜10mまで接近したとき，全量を一気に目と鼻に向かって噴出する。いずれの距離の場合でも，クマは走り去るものを追う習性があるため，走ってはいけない。

クマから攻撃された際は，防御姿勢をとることが推奨されており，威嚇行動で近づいてくる場合などには有効であるが，ケースバイケースである。とにかく，自分の身を守ることが肝心で，反撃が必要なケースもある。その際は，山菜採りに使っていたハサミなどの刃物や手持ちの道具等でクマと戦うことで生還した例もある。

クマから攻撃された際の防御姿勢
うつ伏せになって腹部を守りつつ，
後頭部から頸部を手で，背中は
リュックサック（あれば）で
保護する。

写真●kt

# ニホンザル オナガザル科 本州〜九州 ひっかく・咬む

環境：主に山地の森林に生息するが, 都市部に出没することもある。
形態：全身茶褐色の毛で覆われ, 顔と尻部は赤色味を帯びた皮膚が露出
　　　している。雄は雌よりひと回り大きい。
被害：爪による引っかき, および鋭い犬歯による咬みつき。

## ファーストエイド！

①傷口をきれいな水で洗った後消毒する。
②包帯などをしっかり巻いて止血し, 化膿するのを防ぐ。

### 予防（ゼロエイド）

「ガッ・ガッ・ガッ」という鳴き声
や,「ガサガサガサ」というサルが
木の枝を揺する音が聞こえたら,
不用意に近づかず, サルのほうか
ら逃げるまで待つ。クマ（p.96）の
場合と異なり, サルの目をじっと見
つめるのは怒りを触発させるので
逆効果。

### セカンドエイド

感染症に注意し, 病院で適切な処置
を受ける。

犬歯は鋭い

100

鋭い牙で攻撃する

植物
哺乳類
両生類
爬虫類
魚
昆虫
その他

春 夏 秋 冬

危険性 低 中 高

# ニホンイノシシ　イノシシ科　本州〜九州　刺す・咬む

環境：主に山地の森林に生息し，農耕地に出現することもある。
形態：体長約1〜1.7m。体毛は茶褐色〜黒褐色と個体差がある。
被害：突進しながら鋭い牙ですくい上げるように攻撃してくるので，足を負傷することが多い。

### ファーストエイド！

①イノシシから離れて安全を確保する。
②止血や骨折の手当て，傷口の洗浄をする。

### 予防（ゼロエイド）

フィールドサインの新・旧で生息の有無を判断する。臆病な性格のため，クマと同様，音が出るものを身につけて歩くのも効果的。襲ってきたら樹上，岩の上などに退避する。

地面が派手に掘り返されたイノシシのヌタ場

### セカンドエイド

感染症に注意し，病院で適切な処置を受ける。

幼獣はしま模様が入り，ウリ坊と呼ばれる

写真●藤原裕二

101

ペット由来であるため,
外見は多種多様

# イヌ（野犬） イヌ科 日本全国 咬む・感染症

環境：都市近郊の森の中, 公園, 墓地, 大きな建物の床下などに潜み, 人気のない日中や夜間には人里に出没することがある。
形態：ペットが野生化したものなので, 大きさや体形, 体色はさまざま。
被害：鋭い牙による咬傷。朝夕に多い。集団で襲い掛かってくることもある。狂犬病の感染リスクも。

## ファーストエイド！

①咬まれた場合は止血や傷口の洗浄・消毒など, 外傷の手当てをする。
②病院で狂犬病の検査をする。

## 予防（ゼロエイド）

たいていの野犬は人の姿を見たら逃げるが, 人に飼われた経験のある個体は人を見ても逃げない。近寄ってきたら石をいくつか拾って威嚇に投げる。背を向けて逃げると追いかけてくることがあるので, 目を離さず, 少しずつ後ずさりして遠ざかる。また, 見かけたら保健所に通報して捕獲し集団化を防止する。

## セカンドエイド

狂犬病の国内感染は昭和31年を最後に発生していないが, 今後発生する可能性が0ではない。咬んだ犬が捕獲され, 万一, 脳細胞から狂犬病に特徴的な病変であるネグリー小体が検出されたら, ただちにVRワクチンを受けなければいけない。狂犬病が発症したら, 有効な治療法は存在しない。

秋に紅葉する

幼木の小葉には粗い鋸歯がある

小葉は丸みを帯び、4〜8対ある

# ヤマウルシ  ウルシ科  北海道〜九州  かぶれ

環境：北日本や山間部, 丘陵の日当たりがよい林縁などに多い。

形態：枝の先端に葉が集まり, 傘のように葉を広げている。葉は奇数羽状複葉で, 葉軸は赤褐色を帯びる。小葉は丸みを帯び, 表面や柄には毛がある。

被害：それと気づかずに接触する可能性が高く, 樹液によってかぶれを引き起こす。

### ファーストエイド!

①患部を水で洗う。

②水がなければティッシュで樹液をていねいに吸い取り, アルコールティッシュがあればさらにきれいにぬぐい取る。

③抗ヒスタミン成分を含むステロイド外用薬を塗る。

④腫れやかゆみは, 患部を氷やタオルで冷やすことで軽減できる。

### 予防（ゼロエイド）

ウルシ類の特徴を知り, 不用意に触れない, 近づかないことが最も重要。入山する時は長袖, 長ズボン, 手袋等を着用し, 肌の露出を最小限にする。なお, 敏感な人は植物に近づくだけでかぶれることもあるので, 白色ワセリンを肌に塗っておくのがよい。

### セカンドエイド

症状がひどい場合は皮膚科で診断を受け, かゆみの軽減には抗ヒスタミン剤などを服用する。接触時に着用していた衣服, および樹液が付着したものはすべて洗う。

幼木の葉には
鋸歯がある

若木の小葉には粗い
鋸歯がある。秋には
赤や黄色に紅葉する

成木の小葉は3枚で全縁

写真●kt

# ツタウルシ ウルシ科 北海道〜九州 かぶれ

<u>環境</u>：山地に生育，ツル性で木や岩をはい上がるほか，地面に広がることもある。

<u>形態</u>：ツル性で気根を出してほかの樹木などをはい上がり，日の当たる場所にくると枝を広げる。葉は三出複葉で，成木の小葉は全縁だが，若木の葉には粗い鋸歯があり，秋には美しく紅葉する。

<u>被害</u>：樹液に触れることにより数時間から1〜2日後に遅れて発症することが多い。かぶれた後に発赤，激痛におかされる場合がある。

## ウルシによるかぶれ

ツタウルシはウルシ類の中でも，塗料用栽培種をのぞいて，最もかぶれが強い。ウルシのかぶれの成分の強さは，ウルシ＞ツタウルシ＞ヤマハゼ＞ハゼノキ（リュウキュウハゼ）＞ヤマウルシの順で，稀にヌルデでかぶれる人もいる。

無害

無害

よく似たナツヅタの葉
先は，赤色味を帯び
た鋭いトゲ状の鋸歯
がある（左）。ミツバ
アケビも三出複葉だ
が，形が異なる（右）

①症状が軽い場合は患部を水で洗い，抗ヒスタミン成分を含む
　ステロイド外用薬を塗る。
②水がない場合，樹液を塗りひろげないようティッシュで液をてい
　ねいに吸い取り，その後，アルコールテイッシュでさらにきれい
　にぬぐい取る。
③腫れやかゆみは，患部を氷やタオルで冷やすことで軽減できる。

ツタウルシのファーストエイド手順

水で洗う→外用薬を塗る→冷やす

患部をこすったりかいたり，樹液が付い
た手で体のほかの部位に触れてはいけ
ない。ひどい皮膚炎を起こす

目をこするとひどい皮膚炎を
起こすため，よく水で洗う

## 予防（ゼロエイド）

樹木などに絡まる三出複葉のツルを見たら，まずはこの種を疑う。入
山するときは長袖，長ズボン，手袋等を着用し，肌の露出を最小限に
する。不用意に触れないことが最も重要だが，敏感な人は少し離れて
いてもかぶれることもあるので，近づかないほうが無難。白色ワセリ
ンを肌に塗っておくのも予防策となる。

## セカンドエイド

かぶれの原因はウルシオールという成分で，アレルギー反応を引き起
こす。症状がひどい場合は皮膚科で診断を受け，かゆみの軽減には
抗ヒスタミン剤などを服用する。接触時に着用していた衣服，および
樹液が付着したものはすべて洗う。

# そのほかのウルシ（ウルシ科）

## ハゼノキ 中 春〜秋
関東以南（中国原産の外来種）
かぶれ

【環境】ロウソクの蝋を採取する資源作物として栽培されていたので，人里近くの山野の温暖な地域に多くみられる。
【形態】葉は奇数羽状複葉で厚く硬い。葉の表面は滑らかで光沢があり，毛はない。
【被害】かぶれの成分は強いほうで，顔全体が腫れあがることもある。

葉の表面や柄には毛はない

写真●林 将之

## ヤマハゼ 中 春〜秋
関東以西〜九州 かぶれ

【環境】温暖な地域の低山地で，林縁など日当たりがよい場所に多い。
【形態】枝が横に広がらず上へと延びる直立性。葉は奇数羽状複葉で，葉の表面は触ると毛羽立つ感じがあり，少し光沢がある。裏面は毛が散生し，葉脈上に密生する。秋に美しく紅葉する。
【被害】かぶれの成分は強いほうで，顔全体が腫れあがることもある。

葉の表面や柄には毛がある

写真●林 将之

## ヌルデ 低 春〜秋
日本全国 かぶれ

【環境】切通しの山道やハイキングコースなど，裸地となった場所にいち早く侵入して生育する先駆植物のため，身近に見ることが非常に多い。
【形態】小葉は3〜6対あり，長さ5〜12cm，幅3〜6cmの長楕円形。葉縁に粗い鋸歯があり，光沢はない。秋に美しく紅葉する。
【被害】稀にかぶれる人がいる。

翼

葉軸にヒレ状の翼がある

葉はオオバ（青じそ）に似る　写真●kt

山地や亜高山で見られるミヤマイラクサ。茎に刺毛があり，被害はイラクサ同様。イラクサは葉が対生だが，ミヤマイラクサは互生

植物
哺乳類
両生類
爬虫類
魚
昆虫
その他

春
夏
秋

危険性
低
中
高

# イラクサ

`イラクサ科`　`北海道南部〜九州`　`刺さる・毒`

環境：山地や林内の半日陰や沢沿い，河原などの適湿地（水はけがよく，水分を含んだやわらかい土壌）で見られる。

形態：葉はオオバ（青じそ）に似て，幅広の円形で深い鋸歯がある。葉，葉柄，茎など全体にガラスのようなトゲ（刺毛）が生えている。

被害：触ると鋭い痛みを感じ，トゲに含まれるヒスタミンなどの液が体内に注入され，赤く膨れた痒がゆい湿疹が出る。

## ファーストエイド!

①セロハンテープなどの粘着テープを，テープを替えながら何度も押し当ててトゲを取る。

②トゲを抜き取った後は，水で洗い，抗ヒスタミン成分を含むステロイド外用薬を塗る。

③トゲが刺さった時に着用していた衣類や靴は洗剤で洗う。また，皮膚をかいてはいけない。

## 予防（ゼロエイド）

山林に入るときは，できるだけ皮膚を露出しない。イラクサが好む半日陰の林道や沢沿いの道など，適湿地では特に注意する。よく観察すればガラスのように透明な鋭いトゲがたくさん生えているのが見える。

## セカンドエイド

3時間ほどで症状は治まるが，ひどい場合は病院へ行く。抗ヒスタミン薬，抗アレルギー薬やステロイド外用薬などで治療を行う。

無害

アカソ
葉や茎に赤色味がある。同じイラクサ科のヤブマオやアカソの仲間も同様の環境に生育し，葉形も良く似ているが，いずれもトゲはない。

**植物**

哺乳類

両生類　爬虫類

魚

昆虫　その他

# ギンナン（イチョウの実）

イチョウ科

北海道〜沖縄（植栽）　　かぶれ

<u>環境</u>：公園木や街路樹として植栽されることが多い。

<u>形態</u>：葉は長柄で扇形，秋には黄色く色づく。実のギンナン（銀杏）は食
　　　用になり，周囲の外種皮部分が強いにおいがある。

<u>被害</u>：ギンナン拾いや皮むきの際にギンナンの実に触れて起こる。正式に
　　　は「ギンナン接触性皮膚炎」といわれる。

秋

### ファーストエイド！

症状が軽い場合は患部を水で洗い，抗ヒスタミン成分を含む
ステロイド外用薬を塗る。水がない場合，樹液を塗りひろげないよ
うにティッシュで液をていねいに吸い取り，その後アルコールティ
ッシュでさらにきれいにぬぐい取る。腫れやかゆみは，患部を氷
やタオルで冷やすことで軽減できる。

危
険
性

低
中
高

### 予防（ゼロエイド）

ギンナンを触る際には，手袋を用意するなど，直接触れない。

### セカンドエイド

症状がひどい場合は皮膚科を受診する。炎症を抑えるステロイド
剤の外用，かゆみやアレルギー反応に対して抗アレルギー剤や抗
ヒスタミン剤の内服，症状が強い場合はステロイド剤の短期間内
服も併用する。

*column 4*

## 汁液が危険な植物

　ウルシ類，イラクサ，ギンナン以外で葉や茎，果実の汁液に触れると皮膚炎を起こすことがある身近な植物を紹介する。キンポウゲ類，トウダイグサ類，ケシ類，ウコギ類，ガガイモ類などが多く，同類の園芸植物（クレマチス，ポインセチア等）にも注意が必要。いずれも植物から出る汁液に触れなければ危険性はない。触れたら水でよく洗い流してから，抗ヒスタミン成分を含む外用薬を塗る。症状がひどければ，皮膚科を受診する。

キツネノボタン・ケキツネノボタン

キンポウゲ科。30～60cmの多年草で川や水田の近く，湿った草地などに生える

ウマノアシガタ

キンポウゲ科。30～70cmの多年草で山野の日当たりのよい場所に生育する

センニンソウ

キンポウゲ科。つる性の半低木で道ばたや林縁など日当たりのよいところに生える

トウダイグサ

トウダイグサ科。20～40cmの越年草で日当たりのよい畑や道ばたなどに生える

タケニグサ

ケシ科。1～2mの多年草で日当たりのよい荒れ地や道ばたなどに多い

カクレミノ

ウコギ科。3～12mの小高木で暖温帯に自生し，庭木や公園にも植栽される

イチジク

クワ科。果汁が光に当たると変質し，皮膚に付くとかぶれることがある

クサノオウ

ケシ科。3～12mの小高木で暖温帯に自生し，庭木や公園にも植栽される

クサノオウの汁液

## イシミカワ  タデ科

日本全国 　ひっかく・刺さる

【環境】道ばたや林縁，河原・休耕田など，
日当たりがよく，やや湿り気のある場所。
【形態】葉はソバの葉に似た淡い緑色の
三角形。枝分かれの部分に茎を取り巻く
円形で皿状の托葉，花穂（総状花序）の
下部分には円形の苞がある。
【被害】葉柄や茎に付いている下向きの鋭
いトゲで引っかき傷ができる。

花の後には瑠璃色の小果をブドウ
状に付ける

## ママコノシリヌグイ  タデ科

日本全国 　ひっかく・刺さる

【環境】道ばたや林縁，河原・休耕田など，
日当たりがよく，やや湿り気のある場所。
【形態】葉はソバの葉に似て淡い緑色の
三角形をしており，イシミカワに似るが，
葉の基部が凹んだハート形になる。枝
分かれの部分に，茎を抱くような腎円形
（凹形）の托葉がある。
【被害】草むらにツルを縦横にのばし，ト
ゲがあまり目立たないため，不用意に草
むらに踏みこむと被害を受ける。

ピンク色の小花が複数かたまって
つく。茎には逆向きのトゲが並ぶ

### ファーストエイド！

①トゲが残っていればピンセットなどで抜く。
②皮膚から出ている部分がほとんどなく，つかめないときは消
　毒した針で皮膚を破り，トゲを抜く。
③その後患部を洗い，絆創膏を貼る。

トゲが抜けにくい場合，トゲが外へ出てくるよ
うに，刺さっている部分の周囲を押すか，五円
玉や五十円玉を押し当てるとよい

### 予防（ゼロエイド）

不用意につかもうとしてはいけない。

### セカンドエイド

トゲが抜けない場合は病院（皮膚科か外科）で切開してもらう。

植物

哺乳類

両生類

爬虫類

魚

昆虫

その他

春 夏 秋

危険性 低 中 高

写真●kt

# サンショウ　ミカン科　北海道〜屋久島　ひっかく・刺さる

環境：落葉樹林の半日陰で湿潤な場所（適湿地［p.107］は嫌う）。林内でも見られる。

形態：細枝が多く，葉が小さい奇数羽状複葉。小葉は5〜9対。トゲは対生する。

被害：枝が細く，葉も小さいので，存在に気づかずに触れてしまう場合や，実を食用に採取するとき，被害に遭うことが多い。

### ファーストエイド！

①トゲが残っていればピンセットなどで抜く。

②皮膚から出ている部分がほとんどなく，つかめないときは消毒した針で皮膚を破り，トゲを抜く。

③その後，患部を洗い，絆創膏を貼る。

### 予防（ゼロエイド）

不用意に触れないことが最も重要。生育地では長袖，長ズボン，帽子，手袋等を着用し，肌の露出を最小限にする。

### セカンドエイド

トゲが抜けない場合は病院（皮膚科か外科）で切開してもらう。

111

# そのほかのサンショウ類（ミカン科）

## イヌザンショウ 低 春～秋
北海道～九州 ひっかく・刺さる

【環境】サンショウ（p.111）よりも
日の当たる林縁や山道脇に多く見ら
れる。
【形態】サンショウに似るが，小葉
は6～11対と多く，トゲは互生す
る。
【被害】枝が細く，葉が小さいた
め，その存在に気づかずに，トゲや
引っかき傷の被害を受ける。

## カラスザンショウ
低 春～秋
本州以南 ひっかく・刺さる

【環境】崩壊地や切通しなど，日が
よく当たる場所にいち早く生育する
先駆植物。
【形態】枝は太く，あまり枝分かれ
せず，葉は枝先に集まって傘状に
広がる。樹高8～15mと高木にな
る。
【被害】大きな葉をうっかり素手で
払ったときなどに，葉柄などのトゲ
で被害を受ける。

## フユザンショウ 低 春～秋
本州～九州 ひっかく・刺さる

【環境】崩壊地や切通しなど，日が
よく当たる場所にいち早く生育する
先駆植物。
【形態】冬でもわずかに葉を残す。
葉柄には翼があり，大きなトゲがあ
る。
【被害】うっかり素手で触ると，葉
柄などのトゲで被害を受ける。

春に葉より先に白い花が咲く

秋に小さな果実が黄色く色づく

葉は三出複葉で葉軸に翼がある

# カラタチ

ミカン科 | 刺さる

北海道南部以南（中国原産の外来種）

<u>環境</u>：薬用として移入し，植栽されたもののほか，関西や九州などの温暖な石灰岩地域では，野生化したものが見られる。

<u>形態</u>：落葉低木で枝は密に分岐し，やや扁平で陵があり，長く太いトゲがある。葉は小形の三出複葉で，葉軸に幅の狭い翼がある。

<u>被害</u>：剪定作業や，ミカン状の果実を薬用などの目的で採取するときに，密に分岐した枝のトゲに刺されることが多い。

## ファーストエイド！

①外傷があれば患部を洗う。
②出血があれば止血し，絆創膏を貼るなどして保護する

## 予防（ゼロエイド）

不用意に触れないことが最も重要。生育地では長袖，長ズボン，帽子，手袋等を着用し，肌の露出を最小限にする。

## セカンドエイド

特になし。

以前は侵入者除けに多く植えられていた

113

## タラノキ　ウコギ科

日本全国　刺さる

【環境】山野の伐採跡地，切通し，林縁など，日当たりのよい場所に真っ先に生える先駆植物。

【形態】幹はあまり分枝せず，枝は太くて多数のトゲがある。春はウルシの仲間と同様，枝先に葉が集まって葉を展開する。

【被害】春は食用に新芽を取ろうとして，夏はやぶこぎのときなどにトゲに刺される場合がある。

新芽は山菜として人気。葉にもトゲがある

## ハリギリ　ウコギ科

北海道〜九州（北の地域に多い）

ひっかく・刺さる

【環境】照葉樹林帯〜ブナ帯にいたる丘陵〜山地に自生。肥沃な土地は生育がよい。

【形態】25mにもなる落葉高木で枝や幹には太くて長いトゲがある。葉は互生で枝先に集まって展開。

【被害】春は食用に新芽を取ろうとしてトゲに刺される。若木は枝を出さず，1本だけ棒のように立っており，特に落葉後は気づかずに触れて怪我をすることが多い。

※ハリギリは春〜秋

葉の形はヤツデに似た，天狗のうちわのような形

### ファーストエイド！

①トゲが残っていればピンセットなどで抜く。
②皮膚から出ている部分がほとんどなく，つかめないときは消毒した針で皮膚を破り，トゲを抜く。
③その後患部を洗い，絆創膏を貼る。

### 予防（ゼロエイド）

不用意に触れないことが最も重要。生育地では長袖，長ズボン，帽子，手袋等を着用し，肌の露出を最小限にする。

### セカンドエイド

トゲが抜けない場合は病院（皮膚科か外科）で切開してもらう。

トゲは長大

葉は偶数羽状複葉

# サイカチ　　マメ科　　東北〜九州　　ひっかく・刺さる

<u>環境</u>：山野や河原。昔, 実を石けん替わりに使う目的で栽培されたため, 人里周辺に残っているものもある。

<u>形態</u>：15mほどの高木になり, 同じマメ科のニセアカシアに葉が似るが, 本種は偶数羽状複葉。

<u>被害</u>：河原などで不用意に接触するとトゲの被害に遭う。

### ファーストエイド！

①外傷があれば患部を洗う。
②出血があれば止血し, 絆創膏を貼るなどして保護する。

### 予防（ゼロエイド）

不用意に触れないことが最も重要。生育地では長袖, 長ズボン, 帽子, 手袋等を着用し, 肌の露出を最小限にする。

### セカンドエイド

特になし。

ハリエンジュ（ニセアカシア）。日本各地の河川敷などで多く見られる外来種。本種に葉が似るが, こちらは奇数羽状複葉

115

植物

哺乳類

両生類

爬虫類

魚

昆虫 その他

春 夏 秋 冬

危険性 低 中 高

# ノイバラ バラ科

日本全国　ひっかく・刺さる

【環境】低山や丘陵の道ばた，山道脇，林縁で多く見られる。

【形態】葉は園芸種のバラの葉を小さくしたような奇数羽状複葉で，半ツル状の枝を伸ばし，ほかのものに寄りかかって繁茂する。

【被害】林縁で不用意に接触し，トゲが刺さったり，引っかき傷を受けやすい。

写真●kt

葉や枝にトゲがある。テリハノイバラ（円内）は葉に光沢がある

# ハマナス バラ科

北海道〜本州　ひっかく・刺さる

【環境】北海道および太平洋側では茨城県以北，日本海側では島根県以北の砂地の海岸。

【形態】落葉低木で地下茎を伸ばして繁茂し，群落をつくる。枝には軟毛が生えるほか，太い扁平なトゲと，針のような小さなトゲが混生する。

【被害】花を薬用，果実（偽果）を食用として採取するときになどにトゲの被害に遭う。

※ハマナスは初夏〜秋

写真●kt

晩夏〜秋に果実（偽果）が赤熟する。葉は奇数羽状複葉

## ファーストエイド!

①トゲが残っていればピンセットなどで抜く。
②皮膚から出ている部分がほとんどなく，つかめないときは消毒した針で皮膚を破り，トゲを抜く。
③その後患部を洗い，絆創膏を貼る。

### 予防（ゼロエイド）

不用意に触れないことが最も重要。生育地では長袖，長ズボン，帽子，手袋等を着用し，肌の露出を最小限にする。

### セカンドエイド

トゲが抜けない場合は病院（皮膚科か外科）で切開してもらう。

ナワシロイチゴ

写真●kt

トゲが目立たず，草丈が低い
クサイチゴは，草むしりのとき
の被害が多い

写真●kt

木イチゴ類では特においしい
モミジイチゴ。採取時被害に
遭う場合が多い

# 野イチゴ・木イチゴの仲間

バラ科　日本全国
ひっかく・刺さる

環境：種類によって草本から木本まであり，低地から亜高山帯に自生する
　　　ものまでさまざま。

形態：小低木〜低木でトゲのあるクサイチゴやモミジイチゴ（ナガバモミジ
　　　イチゴ），ツル植物のホウロクイチゴやエビガライチゴなど，さまざま
　　　な種類がある。

被害：見た目が美しく，可食の実もあるため，手に取ろうとしたときや，やぶ
　　　こぎ中などにトゲの被害に遭う。

### ファーストエイド！

①トゲが残っていればピンセットなどで抜く。
②皮膚から出ている部分がほとんどなく，つかめないときは消毒した針
　で皮膚を破り，トゲを抜く。
③その後患部を洗い，絆創膏を貼る。

### 予防（ゼロエイド）

不用意に触れないことが最も重要。生育地では長袖，長ズボン，帽
子，手袋等を着用し，肌の露出を最小限にする。

### セカンドエイド

トゲが抜けない場合は病院（皮膚科か外科）で切開してもらう。

117

植物

哺乳類

両生類

爬虫類

魚

昆虫

その他

春

夏

秋

冬

※アレチウリは春～秋

危険性 低 中 高

# アレチウリ　ウリ科

日本全国（北米原産の外来種）

刺さる

【環境】河川敷, 路肩, 野原, 荒廃地, 畑の周辺等で繁茂。種子が増水時に運ばれるため, 特に河川敷に多い。
【形態】葉はハート形で, 葉茎に粗い毛が密生。8～9月の花の後に金平糖のような形でトゲのある集合果をつける。
【被害】林縁で不用意に接触し, トゲが刺さったり, 引っかき傷を受けやすい。

集合果は軟毛とトゲで覆われる

# ワルナスビ　ナス科

日本全国（北米原産の外来種）

ひっかく・刺さる

【環境】道ばた, 荒地, 野原, 河川の土手など, 人里に近く日当たりのよい湿潤な場所。
【形態】夏～秋に, ナスやジャガイモの花に似た薄紫色～白色の花を咲かせる。茎や葉柄に鋭いトゲがある。
【被害】繁茂しているところに踏みこむ, 黄白色の実を摘む, 雑草として抜くなどのときにトゲの被害に遭う。

写真●kt

花はナスやジャガイモに似ているおり, 茎や葉にトゲが多い

## ファーストエイド！

①トゲは通常, 簡単に取れる。皮膚から出ている部分がほとんどなく, つかめないときは消毒した針で皮膚を破り, トゲを抜く。
②その後患部を洗い, 絆創膏を貼る。

## 予防（ゼロエイド）

不用意に触れないことが最も重要。生育地では長袖, 長ズボン, 帽子, 手袋等を着用し, 肌の露出を最小限にする。

## セカンドエイド

特になし。

## トゲのある外来植物

近年分布を広げており, 注意したいものは, ほかにもハリエンジュ（主に河川敷）やメリケントキンソウ（芝生や空き地）, アメリカオニアザミ（農地, 路傍）などがある。

明るい赤〜オレンジ色の派手なキノコだが、興味本位で近付くのは厳禁

植物

哺乳類

両生類

爬虫類

魚

昆虫

その他

夏秋

危険性

低中高

# カエンタケ ［ニクザキン科］［炎症］［本州〜九州］

<u>環境</u>：公園や雑木林などの広葉樹（コナラ，ミズナラ，クヌギ，アベマキなど）の立ち枯れの根元や，地中に埋もれた倒木などから発生。

<u>形態</u>：赤色からオレンジ色のキノコで，人間の指が地面から突き出ているような形で出現する。時には上部が分岐して鹿の角やニワトリのとさか状になる。

<u>被害</u>：通常，猛毒をもつキノコでも触れるだけなら問題はないが，本種は例外で触っただけでも皮膚がただれる。

### ファーストエイド！

①触った場合は石鹸できれいに洗う。
②石鹸がない場合，水やお茶で洗ってから，後ほど石鹸で洗う。
③触ってから4〜5時間経過していてもよいので，とにかくきれいに洗い落とすのが重要。

### 予防（ゼロエイド）

不用意に触れないことが最も重要。生育地では長袖，長ズボン，帽子，手袋等を着用し，肌の露出を最小限にする。

### セカンドエイド

特になし。

無毒

無毒のベニナギナタタケ。カエンタケのように分岐はせず，先端はとがり，オレンジ色味が強い。確実に識別できなければ，触らないのが無難

119

# CASE ①
## スズメバチ

種類：オオスズメバチ（p.24）
被害の時期：10月中旬・午前中
場所：東京都八王子市の山林

## 被害の概要

　自然体験プログラムのため学校林を訪れた30代男性。参加者は高校生約40人と規模が大きく、時期的にハチが心配されたので、事前にフィールド内に2つトラップを仕掛け、それを用いて生徒にハチの説明を行った。プログラム開始後、間もなく、女生徒の1人が「キャーっ！」と叫びながらものすごい勢いで走り出す——ハチがいたとのこと。ゆっくり近づいて確認すると、コナラの根元の穴の周囲にスズメバチが数匹見えた。木の根元に巣を作る性質と模様、そして大きさでオオスズメバチと判断。距離は3m程度、近づきすぎたので、そっと後退すると後ろから急に羽音が聞こえ、右腕上部がチクッと痛む。4cmくらいのハチであった。生徒が周囲にいたため、対応に一瞬悩んだ隙に、同じハチが頭を刺した。頭のハチを右手で握りつぶし、地面に叩きつけて足で踏む。「逃げろ！」と大声で叫び、生徒と一緒に走って逃げた。振り返ると、ハチが舞っていた。

　すぐ下の広場までハチは追ってこなかった。荷物からいつも持参しているポイズンリムーバーを出し、仲間に毒を吸い出すよう依頼。頭は髪があり、皮膚も固く、うまく吸い出せないが、右腕はうまく吸い出せた。そのうちに、口の周りと舌にしびれを感じ、ちょっとろれつが回らない感じがした。車で病院へ向かおうとしたが、仲間から救急車を手配したから待つよう言われ

る。このころには腕が蚊に刺されたように、ところどころが膨れてかゆくなり、それが次第に四肢に広がる。救急車が出払っていて消防車で救急隊が到着。脈拍・体温・血中酸素飽和度などを測定。数十分後、救急車が到着した。

この時点で刺傷から約40分，学校の保健医の付き添いで学校を出発したが，道は混んでいた。搬送中は心電図モニターと酸素吸入をする。全身が我慢できないほどかゆい。病院に到着し，皮膚科で診察。幸いショック症状はなかった。アレルギーによるじんましんがひどく，点滴を行うが，その間もかゆみで苦しむ。臀部全面，腰，手首，膝下，腕などがひどい。頭も刺された部分が痛む。20分弱で点滴は終了したが，症状が治まらないので注射を追加。それでもまだ治まらない。担当医によると毒が多く入ったためとのこと。医師からハチの特徴を詳しく聞かれた。「スズメバチ」だけではなく，治療のために種を特定したいとのこと。巣の場所や体の特徴からオオスズメバチであることを伝えた。ハチの抗体の血液検査をして，薬をもらう。ステロイドとかゆみ止めはすぐ飲むように指示を受けた。

　じんましんが出たことはショック症状の前段階なので，次に刺されるとかなり危険な状態になると感じた。そこでエピペン®（p.51）を携帯することにした。

## 被害を防ぐために

【夏まで安全な場所であっても過信しない】
　スズメバチは夏の終わりごろから秋にかけて数が増える。前から入っていた場所なので安心感があり，深く考えず活動した。

【救急時の搬送先を確認しておく】
　どの病院がいいかスタッフ間で事前確認が必要。このケースでは事故発生から救急車で病院に着くまで約1時間かかった。

【オオスズメバチの巣は人の目線にはない】
　スズメバチの巣というと軒下や枝に下がっている姿を想像してしまうが，オオスズメバチは土中に作られることが多い。知らずに歩くと，振動で刺激を与えてしまう。

【いくら注意してもとっさに正しく行動することは難しい】
　「ハチに会ったら刺激を与えないようにゆっくり下がりましょう」と事前に注意したが，最初に発見した生徒はドタドタと一目散に逃げ，それが刺激になってしまった。

【巣やハチを刺激したらひたすら逃げるしかない】
　ハチが来たらじっとするというのは，外を徘徊しているハチに対する場合のみ。一度，巣を守っているハチを刺激したら，なりふり構わず逃げるしかない。刺されたことを周囲に伝え，すぐ逃げる。

# CASE ②
## アシナガバチ

種類：ムモンホソアシナガバチ（p.32）
被害の時期：8月初旬
場所：東京都青梅市の森林

## 被害の概要

　自然観察会リーダーの30代男性。森で観察会の最中、ニガキの味を体験してもらおうと、小さなニガキに右手を伸ばし、葉をちぎろうとした瞬間、チクッと痛みを感じた。初めはトゲが刺さったくらいの感じであったが、すぐに痛みが増した。刺されたのは3か所（右手人差指、中指、薬指）で、ほぼ同時。ハチが舞った時点でようやく男性は事態を理解。周囲にはハチに手を刺されたと速やかに伝え、ゆっくり伏せるよう指示。ハチがおとなしくなったところで、静かに現場から離れさせた。

　自分の荷物がある広場に戻り、ポイズンリムーバーで毒液を吸い出し（出たかどうかは不明）、抗ヒスタミン軟膏やステロイド軟膏を塗った。その後、痛みもひどくならないようなので観察会に戻り、ガイドを続けた。刺されても痛みは大したことはなかったし、その日の夜には腫れは引いてきたが、1〜2週間は痛がゆい感じが残った。

表　　裏

［ムモンホソアシナガバチの巣］葉の裏などに巣を作るので非常に発見しにくい。その後スタッフで見に行ったとき、ほかのメンバーもどこにあるかわからないと言っていた

## 被害を防ぐために

**【下見時にハチの巣の存在についてよく確認する】**
　木を遠目から見ただけではわからない。

**【ハチ刺傷対応の道具は常に携行】**
　フィールドが狭いのでちょっと離れた広場に置いていた。

## CASE ③
## チャドクガ

種類：チャドクガ幼虫（p.38）
被害の時期：7月中旬・日中
場所：東京都内の住宅地

### 被害の概要

ガーデナーの40代女性。仕事で個人邸の庭に入った。チャドクガ幼虫が発生する時期であることは知っていたので，草花の手入れをする周辺にツバキ科の樹木があるか確認したところ，1本あるツバキの枝の先端に，すき間なくビッシリと幼虫がいた。まず殺虫剤をかけ，高枝切り

バサミで幼虫に触れないよう先端の枝を剪定し，ゴミ袋へ慎重に入れた。その後，ツバキ周辺の落ち葉や雑草などを取り除く作業を行った。帽子をかぶり，長袖，長ズボン，首には手ぬぐいを巻いていたので，安心して普通に作業をしていた。

ところが，作業を始めて数十分後，ふくらはぎの辺りがチクチクして不快な感じがした。仕事が終わるころにはかゆみを伴っていたので患部を水で洗い，すぐに帰宅。ふくらはぎには赤い発疹があり，夜になるとかゆみが増して，思わずかいたところから，赤くマット状に腫れを伴って広がってしまった。翌日も紅斑と腫れが治らないので皮膚科を受診したところ，チャドクガによる皮膚炎と判明，塗り薬を処方された。作業着に毒針毛が残っているかもしれないので，ガムテープをズボンのすそにくり返し当てて毛を取り除いてから，ほかのものとは別に洗濯をした。

### 被害を防ぐために

【チクチクと不快な感じがした時点で，チャドクガを疑う】
　十分に注意したつもりだったが，飛散した毒針毛が付着した。

【患部をかかない】
　かいてしまったことで毒針毛が広がった。

# CASE ④
## ブユ

種類：ブユ類(p.70)
被害の時期：7月下旬　夕方
場所：北海道日高山脈の沢沿い

## 被害の概要

　山登りで小さな沢に沿ったルートがあり，単独で通過する際に襲われた。往路はお昼ごろであまり意識していなかったため，うっとおしいと思う程度であった。

　山小屋に一泊し，翌日に山を登って，復路で沢沿いの道を通過するのが夕方になった。ブユ類は小さく，羽音がしないので，寄ってきてもわかりにくい。それでもところどころ，肉眼でもわかるくらいの小さな虫が群れている場所はあった。その中を通過すると，顔や肌が露出しているところに知らないうちに付着していることに気づいた。顔に汗が流れるようなわずかな感触があってタオルで拭いたところ，10匹以上のブユ類が付着していた。タオルに付着したブユ類を落とそうと振ってみたが落ちず，水で洗ってもまだ残っていた。1匹ずつ手でつまみ取ったが，その間にも顔に違和感，また拭くとブユが付いていた。ちょっと進んではブユを追い払うことのくり返しになり，このままでは前に進めず，ボコボコにされると思い，少しパニック気味になってしまった。大急ぎで沢を下ったが，不安定な場所であわてていたため，軽く足をくじいてしまった。

　どうにか沢を抜けたらブユはほとんど見られなくなった。幸い，顔を刺されることは免れたが，肩から首にかけて数か所刺されて腫れあがり，数日間は強いかゆみが続いた。その後に行ったほかの山でも，沢沿いでは同じようにブユに襲われた。

## 被害を防ぐために

【ブユに市販の防虫スプレーはほぼ効果がない】
　市販の防虫スプレーはほとんど役に立たなかった。沢沿いのルートを行く際には，防虫ネットを持っていくべきであった。

【強いかゆみへの対策】
　かゆみを感じた場所にはすぐに抗ヒスタミン成分の入ったかゆみ止めを塗った。

## CASE ⑤
# ダニ類

種類：マダニ（p.82）
被害の時期：5月初旬
場所：新潟県の山岳（栗が岳）

## 被害の概要

ゴールデンウイークに新潟へ山登りに出かけた40代男性。特にやぶが多いわけではない一般的な山で、登山者も多かった。帰宅後1週間くらいして、左肩の肩甲骨の辺りに小豆程度の出っ張りがあるのに気づく。何か皮膚の異常であると思い、気になって引っ張って取ろうとするが取れない。自分では見えない位置にあった
ので家族に確認してもらうと、「脚」みたいなものが付いていると言う。写真を撮ってもらって確認するとマダニであることが判明。その時点まで、痛みやかゆみはほとんど感じていなかった。

その日は夜だったので、そのままにして就寝した。翌日、病院で診てもらったところ、手術が必要とのこと。マダニの口ごと皮膚をえぐり取って縫合、1週間程度で抜糸した。取り除いたマダニを見ると確かに生きていた。ゴールデンウイークには新潟以外に、東京都内の井の頭公園や高尾山に行ったので、被害に遭ったのは新潟でない可能性もある。

マダニが刺している様子

## 被害を防ぐために

【マダニの存在に早く気づく】
気づくのが早ければ、マダニ除去用ピンセットでとることもできた。今回は時間がかかり、完全にマダニの口器がくいこんでいたので、医師の処置にゆだねた。

# CASE ⑥
## ヒル

種類：ヤマビル（p.86）
被害の時期：7月上旬・日中
場所：神奈川県・宮ヶ瀬湖周辺の低山地林内

## 被害の概要

　トレッキングに出かけた30代男性。ヤマビルがいることで有名な丹沢の近くであったため，登山靴にはディートを含んだ虫除けスプレーを忌避剤の代わりに吹きかけ，トレッキング中はこまめに靴の周りをチェックして歩いていた。途中，2匹のヤマビルが靴にとりついているのに気づき，あわてて近くに落ちていた枝で払い落とした。気味が悪くなったので途中で引き返し，林道から出てきたが，時すでに遅しで，左腕の皮膚のやわらかい部分に，ヒルが吸着していた。

　痛みはまったくなく，足元に気を取られていたので気づかなかった。すでにヒルは血をたくさん吸って膨れあがっていた。虫除けスプレーをかけるとすぐにヒルは弱って死んだ。患部を水で洗い，絆創膏を貼ったが血がなかなか止まらず，夜になると絆創膏は真っ赤になった。また，かゆみはなかなか引かず，1週間ほど続いた。無意識に患部をかいてしまうこともあり，そのたびにかさぶたが剥がれて出血した。

透明な液体はヒルジンを含む体液と思われる。ヒルジンには血液凝固を妨害する作用がある

## 被害を防ぐために

【ヒルジンの作用を抑える】
　ポイズンリムーバーがあれば，ヒルジンを吸い出すことで，止血も早く，その後のかゆみも少なかったかもしれない。

# CASE ⑦
## マムシ

種類：ニホンマムシ（p.92）
被害の時期：5月中旬・日中
場所：神奈川県内の低山地林内

## 被害の概要

　友達3人と丹沢山地にハイキングに出かけた高校2年生の男性。沢の近くで休憩をしようと，両手を後ろにつく姿勢で地面に座りこんだその瞬間，左手の親指に激しい痛みを感じた。驚いて後ろを振り返って見てみると，そこにはマムシがいた。背後が茂みになっており，マムシにはまったく気付かなかった。

　応急処置の方法がわからなかったので，とにかく毒を止めようと，左肩付近と左手首付近の2か所をタオルで強くしばった。その後，すぐに病院に行こうと，友達2人に両肩と荷物をかついでもらい，下山を開始した。下山途中にはけいれんをおこし，意識も混濁してきた。30分ほど下ったところで，ふもとにある農家に状況を説明し，病院へ連れて行ってもらった。血清がない病院や，マムシ被害の処置ができない病院も多いが，先に電話で確認をしてくれた。

　咬まれてから数時間後，病院へ到着し，血清を投与されたが，2週間の入院を余儀なくされた。腫れと痛みは1か月ほど続き，左腕および首周りが2倍，親指が3倍ぐらいに腫れあがっていた。

## 被害を防ぐために

【咬まれたら病院までとにかく急ぐ（すぐに救急車を呼ぶ）】
　心拍数が上がると毒の回りは早くなるが，多少走ってでもいち早く病院に行くほうが軽症で済むとの研究結果もある。友人が2人いたので，荷物をすべて置き去りにし，被害者をおんぶしてでも，いち早く病院へかけつけたほうがよかったと思われる。

【タオルで患部を強くしばるのは逆効果】
　血流を止めるほどしばるのは逆効果。軽く1か所を幅広の布などでしばるとよいとされるが，しばること自体が近年はあまり意味がないといわれる。ポイズンリムーバーがない場合，口で吸い出す方法もあるが，今日では奨励されていない（万一，行う場合は，被害者自身が行うときに限る）。

## CASE ⑧
## ウルシ

種類：ヤマウルシ（p.103）
被害の時期：1月上旬
場所：北海道・大沼国定公園

### 被害の概要

正月休みに北海道を訪れた40代女性。冬芽を観察するため、樹木の枝を剪定しながら歩いていた。道中にハート型のかわいい冬芽を発見したので、手に添えながら図鑑で調べていたが、ふと指にチクッとする痛みがあった。その時は変だなと思う程度であまり気にしなかった。翌日、指が赤くなり、旅先から戻るころ（接触2日後）には、指が大きく腫れ、猛烈なかゆさもあった。帰宅後すぐ内科へ行き、飲み薬と塗り薬を処方される。その晩から、顔にもチクチクした痛みが出はじめていた（指の腫れから出た浸出液が移ったとみられる）。

接触から3日後、あまりのかゆさに一睡もできず、皮膚科を受診。医師はアレルギー症状と診断、生理的食塩水にステロイド剤のプレドニン20mgを混合した500mlの点滴を打った。点滴後は多少楽になったが、かゆみは続き、ブツブツとした水疱も出てきた。氷で冷やしたり、水をはった洗面器へつけたりしてかゆみを必死に抑えた。その後2日間、プレドニン30mg投与の処方を受けた。最終的に3日間点滴を打ち、ようやくかゆみは峠を越え、あとは飲み薬（ステロイドホルモン剤）と塗り薬の処方となった。症状のピーク時は顔の左半分が腫れあがり、顔の形が変形して四角くなったほどであった。また白血球数が基準値上限近くの8,000台に上昇した（通常は3000〜9000/$\mu$l）。

後にその枝と冬芽は「ヤマウルシ」と判明。1週間後には赤みはくすんだ色に変わり、つらい症状は治まってきた。

### 被害を防ぐために

【ウルシの樹液を触らない】
　樹液は10分程度で皮膚にしみこんでしまうという。すぐに気づいて水で洗い流せていれば、症状を軽くできたかもしれない。

【早めに医師の診察を受ける】
　かぶれは基本的に時間の経過とともに自然治癒するが、症状がひどければ診察を受け、強い外用薬と内服薬を処方してもらうと早く治癒する。

*column 5*

## そのほかの危険生物たち

ここでは分布が限定的であったり，危険性が低いため本編では割愛した種をいくつか紹介する。いずれもむやみに捕まえたり，採取しようとしなければ危険性はない。

マイマイガ

一齢幼虫のみ毒針毛があり，触れると皮膚炎を起こす

ツマグロオオヨコバイ

カメムシの仲間はつかまおうとすると口吻で刺すことが稀にある

サソリの仲間

日本にはマダラサソリ（写真）とヤエヤマサソリの2種が島嶼部に生息するが，毒は弱い

サソリモドキの仲間

日本にはアマミサソリモドキとタイワンサソリモドキの2種がいる。刺すことはないが，噴出するガスで皮膚炎を起こすことがある

ザリガニの仲間

ハサミで挟まれると出血することがある

ニホンアマガエル

皮膚に細菌から体を守るための微弱な毒があり，目や口に毒が入ると炎症を起こす可能性がある

キツネ

餌を与えようとして咬まれる事例がある。また，感染症のエキノコックスを媒介するため，生息地では生水を飲んだり，山菜を洗わずに食べてはいけない

## 危険生物に対処する講習会

　ここでは応急処置が学べる講習会をいくつか紹介する。下記以外にも各自治体や自然関係の団体がハチや毒蛇，マダニなど危険生物についてのさまざまな対策講習を開催している。

マムシ対策研修講座の様子

### 消防庁　救命講習

　全国各地域の消防局・消防本部が指導し，認定する公的資格の1つ。日本で行われる救急救命の講習では最も受講者数が多い。半日で行われる「普通救命講習（Ⅰ～Ⅲ）」と終日の「上級救命講習」がある。野外に出かける機会が多い人は，外傷手当や搬送法などが学べる上級救命講習を受けておいて損はない。講習は各地域の消防本部で行っている

※講習の申込は各都道府県の消防本部のホームページを参照

### 赤十字　救急法講習

　日本赤十字社が行う救急法講習。心肺蘇生法などの基礎講習と急病の手当や止血，外傷の手当，搬送などが学べる養成講習がある。

※日本赤十字社 東京都支部
https://www.jrc.or.jp/chapter/tokyo/study/emergency/

## マムシ対策研修講座

毎年4〜9月に群馬県のジャパンスネークセンターで月に1回実施。依頼に応じて出張研修も行っている。九州以北に生息するマムシやヤマカガシといった毒蛇はもちろん，無毒のヘビとの見分け方や，咬傷を防ぐ方法，応急処置などの知識を身につけられる。野外活動に関わる人，教職員，医療関係者などが受講している。

※ジャパンスネークセンター
http://snake-center.com/

## ウィルダネス・ファーストエイド

「野外災害救急法」とも呼ばれ，野外活動時に起こりうる事故を想定した応急手当の方法が学べる。ウィルダネス（Wilderness）は直訳すると"原生自然"などの意味だが，ここでは「傷病への決定的な処置（病院での医療的治療）を受けられるまで長時間を要する状況」と定義される。日本では，「一般社団法人ウィルダネスメディカルアソシエイツジャパン（WMAJ）」等が講習会を行っている。

https://www.wmajapan.com/

## 森の安全を考える会 ハチ対策研修講座

スズメバチ，アシナガバチの専門家によるハチ対策講座を東京都西多摩地域や出張講座にて毎年実施している。ポイズンリムーバーの使い方も含め，座学よりもフィールドでの実践スタイルを取りながら行っている。同会はほかにも上級救命講習，普通救命講習受講者を対象とした応急救護講習（フォローアップ講習）も行っている。

※森の安全を考える会
http://blog.canpan.info/morinoanzen/

### （公財）日本中毒情報センター「中毒110番」

薬品や化学物質，動植物の毒などによって起こる急性中毒について，実際に事故が発生している場合に限定して情報を提供している。応急手当や受診の必要性のアドバイスが受けられる。
※大阪中毒110番　072-727-2499（365日・24時間対応）
※つくば中毒110番　029-852-9999（365日・24時間対応）

### ジャパン・スネークセンター

〒379-2301　群馬県太田市藪塚町3318
Tel：0277-78-5193　Fax：0277-78-5520
Email：info@snake-center.com

### 沖縄県衛生環境研究所

〒904-2241　沖縄県うるま市字兼箇段17-1
Tel：098-987-8211　Fax：098-987-8210

### 国立感染症研究所

〒162-8640　東京都新宿区戸山1-23-1
http://www.nih.go.jp/niid/ja/

### 各市区町村等の役所など

スズメバチの巣の駆除のために，費用の助成や駆除用具の貸し出しなどを行っているところが多い。また，特定外来生物（p.80）で危険生物の生息情報を提供すれば，今後の防除等に役立ててもらえる。

## 索引 ～ファーストエイドの種類から～

| 生物 | ファーストエイド | ページ |
|---|---|---|
| ハチ類 | 水洗またはポイズンリムーバー，ステロイド外用薬，冷やす | 24 ～ 37 |
| ドクガ類・カレハガ類<br>イラガ類・マダラガ類 | 粘着テープ（毒針毛），ステロイド外用薬，冷やす | 38 ～ 50 |
| ゴミムシ類・カミキリモドキ類<br>オサムシ類 | 水洗，ステロイド外用薬 | 52 ～ 57 |
| ハネカクシ類 | 水洗，抗菌成分を含む外用薬 | 58 |
| アリ類 | 水洗，ステロイド外用薬 | 59 ～ 64 |
| カ類・アブ類・ブユ類<br>ヌカカ類 | ステロイド外用薬 | 65 ～ 71 |
| カメムシ類 | ステロイド外用薬 | 72 ～ 74 |
| ムカデ類・ヤスデ類 | 水洗，ステロイド外用薬 | 75 ～ 77 |
| 毒グモ類 | ステロイド外用薬，冷やす | 78 ～ 81 |
| マダニ類 | ピンセットなどで除去 | 82 ～ 83 |
| ツツガムシ類 | ステロイド外用薬 | 84 |
| 吸血ヒル | 水洗，ポイズンリムーバー，止血 | 86 ～ 87 |
| ギギ類 | 水洗，温浴，ステロイド外用薬 | 88 |
| イモリ・ヒキガエル | 水洗 | 89 ～ 90 |
| ヤマカガシ | 毒牙：ポイズンリムーバー，中毒症状が出たら一刻も早く病院へ | 91 |
| マムシ・ハブ | 一刻も早く病院へ（ファーストエイドは二の次），ポイズンリムーバー，水分補給 | 92 ～ 94 |
| スッポン・カミツキガメ | 水洗，止血 | 95 |
| ヒグマ・ツキノワグマ | 一刻も早く病院へ，大出血の止血，骨折の固定 | 96 ～ 99 |
| サル・イノシシ・野犬 | 水洗，止血　※感染症の検査は病院へ | 100 ～ 102 |
| ウルシ類 | 水洗，ステロイド外用薬，冷やす | 103 ～ 106 |
| イラクサ | 粘着テープ，ステロイド外用薬 | 107 |
| ギンナン（イチョウ） | 水洗い，ステロイド外用薬 | 108 |
| トゲのある植物 | トゲの除去，水洗 | 110 ～ 118 |
| カエンタケ | 石鹸を使って水洗 | 119 |
| アナフィラキシー・ショック | エピペン®（処方された人のみ） | 51（コラム） |

# 索引 〜生物名〜

豊かな自然には、マムシや
ハチなどもすんでいます。
自然を良く知り、危険のない
よう気をつけましょう。
東京都

## 参考資料

「野外における危険な生物」(財)日本自然保護協会/編集・監修(平凡社)

「学研の大図鑑　危険・有毒生物」野口玉雄(監修), 小川賢一/篠永哲

「フィールドベスト図鑑　危険・有毒生物」野口玉雄(監修), 篠永哲

「新装版 野外毒本 被害実例から知る日本の危険生物」羽根田 治(山と渓谷社)

「知っておきたい アウトドア 危険・有毒生物安全マニュアル」篠永 哲／監修(学習研究社)

「もしも?」の図鑑　身近な危険動物対応マニュアル」今泉忠明(実業之日本社)

「もしも?」の図鑑　危険動物との戦い方マニュアル」今泉忠明(実業之日本社)

「Dr.夏秋の臨床図鑑 虫と皮膚炎」夏秋優(学研プラス)

「都市害虫百科」松崎沙和子, 武衛 和雄(朝倉書店)

「毒虫の話-よみもの昆虫記-」梅谷献二, 安富和男(北隆館)

「自然観察安全ハンドブック　自然に学び, 遊ぶために」(財)科学教育研究会

「クモハンドブック」馬場友希, 谷川明男(文一総合出版)

「アリハンドブック」寺山守, 久保田敏(文一総合出版)

「イモムシハンドブック」中島秀雄／高橋 真弓(監修), 安田守(文一総合出版)

「イモムシハンドブック❷」中島秀雄／高橋 真弓(監修), 安田守(文一総合出版)

「イモムシハンドブック❸」中島秀雄／高橋 真弓／四方圭一郎(監修), 安田守(文一総合出版)

「原色日本昆虫図鑑 下 全改訂新版 保育社の原色図鑑 3」伊藤修四郎(保育社)

## 執筆

横溝了一, 梅田彰, 小町友則, 白田紀子, 小泉明代, 藤原広子

## あとがき

　スズメバチに刺されたり, 毒蛇に咬まれたというような事故は, 長い間フィールドワークをやっていてもそう何度もあることではありません。しかしながら自然観察会やネイチャーキャンプなど, 多くの人達を引率する責任がある場合は, とにかく安全第一に努め, 毎回事故なくイベントが終わると本当にほっとします。そうした努力の上で, 参加者が自然に触れ合って楽しんでもらえれば, これ以上嬉しいことはありません。これからも多くの人たちに, 安全に楽しく, おそれずに自然と付き合っていって欲しいと心底より願っております。

　最後になりましたが, 本書の作成にあたり写真を提供してくださったみなさま, デザインをしてくださった向田様, 本書の企画を持ちかけ, 根気よく編集をしてくださった文一総合出版の中村友洋様に, この場を借りて深くお礼申し上げます。